职业教育智能制造领域高素质技术技能人才培养系列教材

机器人操作系统 ROS 原理及应用

余永洪　编著

U0191174

机 械 工 业 出 版 社

本书介绍了机器人操作系统 ROS 的基本概念及开发调试方法。全书分 5 章：第 1 章为 Ubuntu 操作系统，介绍了 Ubuntu 20.04 的使用、文件与目录操作、vi 编辑器和包管理；第 2 章为 ROS 概述与环境设置，介绍了如何在虚拟机上安装 ROS 和设置 VSCode 开发环境；第 3 章为 ROS 系统架构，介绍了 ROS 系统的构成与目录结构；第 4 章为 ROS 通信机制，介绍了 ROS 话题、消息、服务、参数，并在 ROS 自带的仿真海龟示例基础上，通过大量例子讲述 ROS 通信命令的用法和 Python 程序实现；第 5 章为 ROS 运行管理，介绍了 ROS 的运行调试工具及用法，包括计算图资源命名与重命名、分布式通信设置、消息录制与回放、日志消息、可视化与仿真。本书内容切合实际、图文并茂、通俗易懂。

本书可作为高等职业院校智能机器人、人工智能等相关专业的教材，也可作为智能机器人系统开发技术人员的参考用书。

为方便教学，本书植入二维码微课，并配有免费电子课件、示例代码、习题答案、模拟试卷及答案等。凡选用本书作为授课教材的老师，可登录机械工业出版社教育服务网（www.cmpedu.com），注册后免费下载电子资源。本书咨询电话：010-88379564。

图书在版编目（CIP）数据

机器人操作系统ROS原理及应用 / 余永洪编著.
北京：机械工业出版社，2024. 9. ――（职业教育智能制造领域高素质技术技能人才培养系列教材）. ――ISBN
978-7-111-76603-2

Ⅰ. TP242

中国国家版本馆 CIP 数据核字第 2024FC4428 号

机械工业出版社（北京市百万庄大街22号　邮政编码100037）
策划编辑：冯睿娟　　　　　责任编辑：冯睿娟
责任校对：陈　越　薄萌钰　　封面设计：王　旭
责任印制：邓　博
北京盛通数码印刷有限公司印刷
2024 年 11 月第 1 版第 1 次印刷
184mm × 260mm · 12.75 印张 · 306 千字
标准书号：ISBN 978-7-111-76603-2
定价：45.00 元

电话服务　　　　　　　网络服务
客服电话：010-88361066　机 工 官 网：www.cmpbook.com
　　　　　010-88379833　机 工 官 博：weibo.com/cmp1952
　　　　　010-68326294　金 书 网：www.golden-book.com
封底无防伪标均为盗版　机工教育服务网：www.cmpedu.com

　　ROS（Robot Operating System，机器人操作系统）是由斯坦福大学人工智能实验室发起，由 Willow Garage 公司推广壮大，现在由开源机器人基金会（Open Source Robotics Foundation，OSRF）维护运营的开源机器人操作系统。ROS 的主要目标是为机器人研究和开发提供代码复用的支持。使用 ROS 开发机器人系统，可以显著提升开发效率，降低开发成本。ROS 在学术界、工业界和研究机构中得到了广泛应用，为世界各地的开发人员提供了数以千计的软件包，在导航定位、3D 物体识别、动作规划、多关节机械臂运动控制和机器学习等领域有着重要应用。如今，ROS 已经逐渐成为机器人领域的事实标准。

　　本书理论与实践并重，结合 ROS 机器人开发应用型人才的培养需求，对 Ubuntu 系统的基本操作、ROS 的基本原理、ROS 编码实现与运行管理进行了细致的分析讲解，方便自学。为了加强对 ROS 运行机制和通信原理的理解，提升 ROS 应用开发与调试技能，本书创新性地设计了大量实例。这些实例有很强的针对性和参考性，在暂时不具备 ROS 硬件的情况下也可以学习领会 ROS 原理。所有实例代码均已经过测试且运行结果符合预期。本书在每章内容的后面附有理论题目和实践题目，以便读者对所学内容进行检测评估。

　　本书主要面向高等职业教育智能机器人、人工智能等相关专业。本书从实用性出发，以提高对 ROS 的理解运用和提升 ROS 应用开发调试技能为核心，通俗易懂地介绍了 ROS 的基本概念及开发方法。为方便读者学习巩固，本书提供了丰富的示例和习题。读者只需具备已安装 ROS 的计算机和 Python 代码编写基础，即可使用本书。本书在付梓之前，以讲义的形式在重庆电子科技职业大学相关专业的三个年级使用，效果良好。

　　本书在编写过程中，参阅了大量的相关书籍和网络资料，在此向它们的作者表示感谢。同时，本书在编写过程中还得到了重庆电子科技职业大学智慧健康学院谢光辉教授和赵鹏举教授的大力支持，在此表示衷心的感谢！

　　由于编者水平有限，书中的不足与疏漏之处在所难免，敬请读者批评指正。

编　者

二维码索引

名称	二维码	页码	名称	二维码	页码
使用 vim 编辑文件		16	安装 VSCode		60
使用 find 命令查找文件		23	使用 rostopic 命令绘图		90
压缩与解压文件		24	编写简单 ROS 程序		94
安装 Ubuntu 常用软件包		27	编写发布订阅程序		97
安装 Ubuntu20.04		41	创建与使用自定义消息		111
安装虚拟机工具		46	编写服务调用程序		126
安装 ROS（noetic）		56			

目　录

前言
二维码索引

第1章　Ubuntu 操作系统　//1

1.1　Ubuntu 简介　//1
  1.1.1　Ubuntu 起源与发展　//1
  1.1.2　Ubuntu 组成　//2
  1.1.3　Ubuntu 目录结构　//3
  1.1.4　Ubuntu 操作技巧　//5
1.2　文件与目录操作　//6
  1.2.1　特殊目录　//6
  1.2.2　pwd 命令　//6
  1.2.3　cd 命令　//7
  1.2.4　ls 命令　//7
  1.2.5　touch 命令　//8
  1.2.6　mkdir 命令　//8
  1.2.7　cp 命令　//8
  1.2.8　mv 命令　//9
  1.2.9　rm 命令　//9
  1.2.10　clear 命令　//10
1.3　文件内容　//10
  1.3.1　cat 命令　//10
  1.3.2　less 命令　//11
  1.3.3　head 命令　//11
  1.3.4　tail 命令　//12
  1.3.5　grep 命令　//12
  1.3.6　wc 命令　//13
1.4　重定向与文件编辑　//13
  1.4.1　重定向　//13
  1.4.2　重定向输出　//14
  1.4.3　追加到文件　//14
  1.4.4　重定向输入　//15
  1.4.5　管道　//16
  1.4.6　vim 编辑器　//16
1.5　文件权限、进程与系统管理　//18
  1.5.1　通配符　//18
  1.5.2　文件命名　//18
  1.5.3　命令帮助　//19
  1.5.4　文件权限　//19
  1.5.5　ps 命令　//21
  1.5.6　kill 命令　//21
  1.5.7　df 命令　//22

1.5.8　du 命令　//22
  1.5.9　重启与关机　//22
1.6　文件查找、打包与压缩　//23
  1.6.1　文件查找　//23
  1.6.2　打包与压缩　//24
1.7　管理软件包　//27
  1.7.1　管理在线包　//27
  1.7.2　安装 / 卸载离线包　//28
  1.7.3　管理 Python 功能包　//28
本章小结　//31
习题　//31

第2章　ROS 概述与环境设置　//33

2.1　了解 ROS　//33
  2.1.1　ROS 的产生背景　//33
  2.1.2　ROS 的概念　//34
  2.1.3　ROS 的特点　//34
  2.1.4　ROS 的版本　//35
2.2　安装 ROS　//36
  2.2.1　Windows 系统的虚拟机软件　//36
  2.2.2　macOS 系统的虚拟机软件　//39
  2.2.3　创建虚拟机　//40
  2.2.4　虚拟机安装 Ubuntu　//41
  2.2.5　双系统安装 Ubuntu　//54
  2.2.6　安装 ROS　//56
  2.2.7　测试 ROS　//59
2.3　搭建 ROS 集成开发环境　//59
  2.3.1　安装 Terminator　//59
  2.3.2　安装 VSCode　//60
本章小结　//62
习题　//63

第3章　ROS 系统架构　//64

3.1　ROS 文件系统　//64
  3.1.1　工作空间　//64
  3.1.2　软件包　//65
  3.1.3　ROS 文件管理　//67
3.2　ROS 架构　//70
  3.2.1　节点　//70
  3.2.2　节点管理器　//70
  3.2.3　计算图　//71

3.2.4　客户端库　// 71
3.2.5　运行与查看节点　// 72
本章小结　// 76
习题　// 76

第 4 章　ROS 通信机制　// 77

4.1　话题　// 77
4.1.1　话题通信流程　// 78
4.1.2　节点计算图　// 79
4.1.3　话题信息　// 80
4.2　消息　// 81
4.2.1　消息文件与类型　// 81
4.2.2　常用消息类型　// 82
4.2.3　rosmsg 命令　// 86
4.2.4　rostopic 命令　// 87
4.2.5　使用 rostopic 绘图　// 90
4.3　编写发布/订阅程序　// 94
4.3.1　Hello World　// 94
4.3.2　发布/订阅字符消息　// 97
4.3.3　海龟做圆周运动　// 102
4.3.4　海龟绘图示例　// 104
4.3.5　获取海龟位姿　// 108
4.3.6　调整包依赖项　// 110
4.4　创建自定义消息　// 111
4.4.1　自定义消息类型　// 111
4.4.2　使用自定义消息　// 113
4.5　服务　// 117
4.5.1　服务通信　// 117
4.5.2　相关服务命令　// 118
4.5.3　命令行调用海龟服务　// 121
4.5.4　常见服务消息类型　// 125
4.5.5　程序调用海龟服务　// 126
4.5.6　自定义服务　// 129
4.5.7　调用自定义服务　// 132
4.5.8　自定义服务移动海龟　// 135
4.6　参数服务器　// 140
4.6.1　参数数据类型　// 141
4.6.2　设置与读取参数　// 141
4.6.3　改变背景颜色　// 143
本章小结　// 145
习题　// 146

第 5 章　ROS 运行管理　// 150

5.1　计算图资源命名　// 150
5.1.1　命名规范　// 150
5.1.2　全局名称　// 151

5.1.3　相对名称　// 151
5.1.4　私有名称　// 152
5.1.5　匿名名称　// 153
5.1.6　多工作空间　// 153
5.2　launch 文件　// 154
5.2.1　launch 文件标签　// 154
5.2.2　编写 launch 文件　// 156
5.2.3　launch 文件远程启动　// 158
5.3　节点重命名　// 158
5.3.1　节点重命名示例　// 158
5.3.2　命名空间　// 159
5.3.3　launch 文件设置重命名　// 160
5.3.4　程序设置重命名　// 161
5.4　话题重命名　// 161
5.4.1　rosrun 命令重命名话题　// 161
5.4.2　launch 文件重命名话题　// 162
5.4.3　程序重命名话题　// 162
5.4.4　反向海龟　// 163
5.5　设置修改参数　// 165
5.5.1　rosrun 命令设置参数　// 165
5.5.2　launch 文件设置参数　// 166
5.5.3　程序设置参数　// 167
5.6　ROS 分布式通信设置　// 170
5.6.1　环境变量设置　// 170
5.6.2　SSH 远程登录　// 171
5.6.3　SSH 无密码登录　// 171
5.6.4　远程文件传输　// 173
5.7　消息录制与回放　// 174
5.7.1　rosbag 命令　// 174
5.7.2　录制与回放示例　// 175
5.7.3　rosbag 功能包　// 177
5.8　日志消息　// 177
5.8.1　日志级别　// 177
5.8.2　生成日志消息　// 178
5.8.3　查看日志消息　// 178
5.8.4　启用和禁用日志　// 181
5.8.5　rqt 工具箱　// 182
5.9　可视化与仿真　// 183
5.9.1　RViz　// 183
5.9.2　Gazebo　// 188
5.9.3　SLAM 建图与导航　// 191
本章小结　// 195
习题　// 195

参考文献　// 197

第1章
Ubuntu 操作系统

操作系统（Operating System，OS）是硬件之上的第一层软件，也是硬件和其他软件沟通的桥梁。操作系统会控制其他程序运行，管理系统资源，提供基本的计算功能和服务程序，常用的操作系统有 Windows 和 Linux。机器人操作系统（Robot Operating System，ROS）是运行在 Linux 操作系统上的机器人应用开发框架。要学习 ROS，必须掌握 Linux 操作系统的基本用法。

Ubuntu 是一种 Linux 操作系统，本章介绍 Ubuntu 操作系统的基本用法，包括文件与目录操作，文件内容，重定向与文件编辑，文件权限、进程与系统管理，文件查找、打包与压缩，管理软件包。

▼ 1.1 Ubuntu 简介

Ubuntu 属于 Linux 操作系统，是一套免费使用和自由传播的类 UNIX 操作系统，也是基于 POSIX 和 UNIX 的多用户、多任务，支持多线程和多 CPU 的操作系统，可支持 32 位和 64 位硬件。Linux 继承了 UNIX 以网络为核心的设计思想，是一种性能稳定的多用户网络操作系统。

本节简要介绍 Ubuntu 的起源与发展、组成、目录结构和操作技巧。

1.1.1 Ubuntu 起源与发展

Ubuntu 是世界上流行的 Linux 发行版之一。简单来说，Linux 发行版就是将 Linux 内核与应用软件做一个打包。Linux 内核是指由 Linux 操作系统创始人 Linus Torvalds 负责维护，提供硬件抽象层、硬盘及文件系统控制和多任务功能的系统核心程序。Linux 发行版就是通常意义上的 Linux 操作系统。目前市面上较知名的 Linux 发行版有 Ubuntu、RedHat、CentOS、Debian、Fedora、SuSE 和 OpenSUSE 等。

Ubuntu 是基于 Debian 的 Linux 操作系统，它对新的硬件有比较强的兼容能力，广泛应用于桌面和服务器领域。Ubuntu 官方网站提供了丰富的版本，如图 1-1 所示，按用途来划分，可分为 Ubuntu 桌面版（Ubuntu Desktop）、Ubuntu 服务器版（Ubuntu Server）、

Ubuntu 物联网版 (Ubuntu for IoT) 和 Ubuntu 云操作系统版（Ubuntu Cloud）。Ubuntu 作为目前流行的 Linux 版本，通常每半年大升级一次，每两年提供一个长期支持版（LTS）。

Ubuntu 官方对长期支持版提供 5~10 年的技术支持与软件和安全更新，如图 1-2 所示。

Ubuntu 适用于笔记本计算机、桌面计算机、服务器和物联网嵌入式开发，可为桌面用户提供比较好的使用体验。Ubuntu 几乎包含了所有常用的应用软件，如文字处理、电子邮件、软件开发和 Web 服务等。Ubuntu 对个人使用与组织和企业内部开发使用是免费的。但这种使用没有售后支持，如果想要获得技术支持，通常需要付费。Ubuntu 仅包含自由软件，其鼓励用户使用自由和开源软件，并加以改善和传播。Ubuntu 包含了世界各地自由软件团体或个人提供的翻译和本地化，在各地区、各行业有广泛应用。

图 1-1　Ubuntu 官方网站

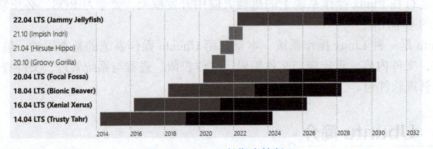

图 1-2　Ubuntu 长期支持版

1.1.2　Ubuntu 组成

Ubuntu 操作系统由 3 部分组成：内核、Shell 和应用程序（软件包）。

1. 内核

内核（Kernel）是操作系统的中心，也是驱动硬件的程序。内核提供操作系统的基本功能，负责管理系统的进程、内存、设备驱动程序、文件和网络系统。它为其他程序分配时间和内存，并响应系统调用，处理文件存储和通信。内核是操作系统工作的基础，可决定操作系统的性能和稳定性。

基于 Linux 内核衍生出很多 Linux 系列操作系统，Ubuntu 也是其中之一。

2. Shell

Shell 是外壳的意思，跟 Kernel（内核）相对应，意思是内核外面的一层，即用户和内核交互的对话界面。

Shell 是一个程序，用于提供与用户对话的环境。让用户从键盘输入命令，所以也称为命令行环境。Shell 接收用户输入的命令后，送入操作系统执行，并将结果返回给用户。

Shell 是一个命令解释器，用于解释用户输入的命令。它支持变量、条件判断、循环操作等语法。用户可以用 Shell 命令写出各种小程序，又称为 Shell 脚本。这些脚本通过 Shell 解释执行。Shell 也会提供工具，方便用户使用操作系统功能，如启动、暂停、停止程序的运行或对计算机进行控制。从本质上讲，Shell 连接了用户和 Linux 内核，让用户能够更加高效、安全、低成本地使用 Linux 内核，但 Shell 本身并不是内核的一部分。

Shell 的种类很多，熟练的用户可以自定义 Shell。目前，常用的 Shell 是 Bash。

3. 应用程序

Linux 下的应用程序以软件包的形式存在，一个软件包就是软件的所有文件的压缩包，它采用二进制的形式，包含了安装软件的所有指令。Ubuntu 软件包都存在一个仓库中，称为软件仓库。软件包的安装有离线安装和在线安装两种方式，离线安装就是把扩展名为 .deb 的软件包文件下载或复制到计算机，然后使用 dpkg 命令安装；在线安装就是使用包管理命令 apt-get 来安装。提供 Ubuntu 软件包安装的软件仓库有多个，不同的软件仓库称为不同的软件源。安装软件时，可根据实际情况选择不同的软件源，如图 1-3 所示。

图 1-3　软件源

1.1.3　Ubuntu 目录结构

Ubuntu 使用树形目录结构来组织和管理文件，即所有文件采取分级、分层的方式组织成为树形结构。在整个树形结构中，只有一个根目录（/）位于根分区，其他目录、文件及外设（Ubuntu 把硬件也当成文件看待）都以根目录为起点，挂接到相应目录下，通过访问相应目录来实现文件和硬件操作，如图 1-4 所示。

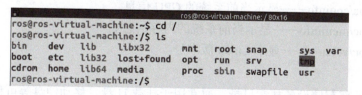

图 1-4　Ubuntu 目录结构

（1）/bin 和 /sbin

该目录存放对 Ubuntu 系统进行维护操作的常用命令，包括文件和目录操作程序、压缩工具、包管理程序等。其中 /sbin 目录存放的是只允许系统管理员（root）运行的系统程序。

（2）/dev

该目录为设备目录，用于存放系统中的设备文件。Linux 下的设备都会被当成文件，其中硬件设备会被抽象化，以便于读写、网络共享或挂载到系统中。正常情况下，设备会有一个独立的子目录，设备的内容会出现在该子目录下。

（3）/home

该目录为系统中所有普通用户的宿主目录。在 Linux 中，每个用户都有一个自己的目录，一般该目录是以用户账户命名的。用户账户创建后，会在 /home 目录中创建与用户名同名的子目录作为该用户的宿主目录。

（4）/usr

/usr 目录非常重要，它用于存放与用户相关的应用程序和文件，用户安装的应用程序通常放在这个目录下。该目录中有一些比较重要的子目录，主要有如下 6 个。

1）/usr/bin——存放系统用户使用的应用程序。

2）/usr/etc——存放各种配置文件。

3）/usr/include——存放 C 编译程序的包含文件。

4）/usr/lib——包含 C 程序编译后连接时需要的各种库。

5）/usr/src——用于存放 Linux 源代码。

6）/usr/local/src——通常存放软件安装包源代码。

（5）/boot

该目录存放的是启动 Linux 时使用的一些核心文件，包括系统引导程序和系统内核程序。请注意，轻易不要操作该目录。

（6）/etc

该目录用来存放系统管理需要的所有配置文件和子目录，是 Linux 系统的重要目录。

（7）/lib

该目录用来存放系统最基本的动态连接共享库，其作用类似于 Windows 里的 DLL 文件。几乎所有的应用程序都需要用到这些共享库。

（8）/proc

该目录是一个虚拟的目录，它是系统内存的映射，可以通过直接访问这个目录来获取系统信息。使用以下命令可以查看系统信息：

1）cat /proc/cpuinfo——显示当前系统的 CPU 信息。

2）cat /proc/meminfo——显示当前系统的内存信息。

3）cat /proc/version——显示 Linux 版本号。

（9）/mnt

该目录是外部存储设备挂载目录，通常用于挂载 U 盘、移动硬盘等可移动介质，外部存储设备挂载成功后即可进入其下相应的目录访问。

（10）/opt

该目录是给主机额外安装软件所摆放的目录。比如安装的 ROS 就放到这个目录下。

（11）/root

该目录是系统管理员用户（root，也称根用户）的主目录，具有操作系统的最高权限。

（12）/tmp 与 /var

/tmp 目录存放临时文件。/var 目录存放系统运行时不断增加的文件和数据，一般将那些经常被修改的文件放在这个目录下，包括各种日志文件。

1.1.4　Ubuntu 操作技巧

（1）终端窗口快捷键

Ubuntu 命令是在终端窗口输入和执行的，使用组合键 <Ctrl+Alt+T> 可以快速打开终端窗口。如果打开了多个终端窗口，可以使用 <Shift+Alt+F1~F6> 在多个终端窗口之间切换。

（2）自动补全

Ubuntu 命令需区分大小写，在使用 Ubuntu 系统时，熟练运用相关命令可以高效地完成操作。在输入较长的命令或文件名时，可以使用 <Tab> 键来自动补全命令或文件名。即输入命令或文件名的前几个字母，然后按 <Tab> 键，如果系统只找到一个和已输入字符相匹配的命令或文件名，系统将自动补全；若有多个相匹配的名字，系统将发出提示声，表示用已输入的字符开头的命令或文件名有多个，名称不唯一，不能补全。这时如果连续按两下 <Tab> 键，系统将列出这些内容，以供用户选择。如果再输入几个字符后使得以此开头的命令或文件名不重复，按 <Tab> 键就可以成功补全。

通过命令来操作是使用 Ubuntu 系统的重要方式。在输入命令时，结合 <Tab> 键可以极大地提高输入命令的效率和准确性，也是操作 Linux 系统的必备技能。

（3）重复执行

在 Ubuntu 系统中，已经执行过的命令可以使用上下键调出，然后视情况按下 <Enter> 键再次执行或简单修改后执行。这种方式也可以提高命令输入和执行的效率。

（4）命令合并与分行

在一个命令行上输入和执行多条命令时，可以用分号（;）来分隔命令，如 cd /etc ; ls -l。

断开一个长命令行时，可使用反斜杠（\）将一个较长的命令分成多行表达，以增强命令的可读性。换行后，Shell 将自动显示提示符 ">"，表示正在输入一个长命令，此时可以继续在新行上输入命令的后面部分。

（5）后台运行

一个终端窗口在同一时刻只能运行一个程序或命令，在执行未结束前，一般不能进行其他操作。如果关闭该终端窗口，会导致程序被终止。在这种情况下，可以让程序以后台方式运行，此时只需在要执行的命令后面跟上 & 符号即可。需要注意的是，即使进程已经在后台运行了，此时关闭终端窗口，也会导致进程结束。

（6）文件路径

Ubuntu 系统的文件按照树形结构组织，文件路径即文件在这个树形结构中所处的位置。操作文件时，必须清楚地知道文件路径。Ubuntu 系统的文件路径分为绝对路径和相对路径，绝对路径是由 "/" 开头的文件路径，绝对路径也称完整路径，如 /home/ros/catkin_ws；相对路径是相对于当前路径的文件路径，所有不是以 "/" 开头的路径都是相对路径。如 ./test/test.py。

1.2 文件与目录操作

本节介绍了 Ubuntu 系统中文件与目录操作命令的用法，包括建立、修改、删除和移动。

1.2.1 特殊目录

（1）当前目录（.）

Ubuntu 系统的命令操作都是在某个目录中完成的，用一个点"."表示当前目录，也可以用"./"表示当前目录（注意，cd 命令和点之间有一个空格，下同），例如：

```
cd .
```

（2）上一级目录（..）

Ubuntu 系统用两个点（".."）表示当前目录的上一级（父）目录，也可以用"../"表示上一级目录，例如：

```
cd ..
```

重复执行此命令可以返回到根目录（/）。

（3）用户主目录（~）

Ubuntu 系统是多用户、多任务的分级权限系统，每一个可登录的系统用户都有一个用户主目录，这个目录通常位于 /home 目录下，与用户同名。例如登录用户为 ros 时，其用户主目录即为 /home/ros。用户在该目录中有全部权限，可以建立、修改或删除文件。用户对文件的操作通常应该在其用户主目录中进行。

当前用户主目录也可以由波浪线（~）来引用。所以输入以下命令将会回到当前用户主目录：

```
cd ~
```

输入不带任何参数的 cd 命令后，会返回当前用户主目录。

1.2.2 pwd 命令

pwd 命令（打印当前目录，Print Working Directory）用于显示当前目录的绝对路径。通过命令来完成操作是 Ubuntu 系统中比较高效的操作方式，但在来回多次的目录切换中，用户可能会不太清楚当前目录的位置，这种情况下可以使用 pwd 命令获得当前位置的绝对路径，即

```
pwd
```

完整的路径名类似这样 /home/ros/catkin_ws/src/helloworld/scripts，如图 1-5 所示。

```
                    ros@ros-virtual-machine: ~/catkin_ws/src/helloworld/scripts 80x16
ros@ros-virtual-machine:~$ cd catkin_ws/src/helloworld/scripts/
ros@ros-virtual-machine:~/catkin_ws/src/helloworld/scripts$ pwd
/home/ros/catkin_ws/src/helloworld/scripts
ros@ros-virtual-machine:~/catkin_ws/src/helloworld/scripts$
```

图 1-5　完整的路径名

1.2.3　cd 命令

cd 命令用于切换当前工作目录，例如要切换到用户目录 /home 时，可输入如下命令，效果如图 1-6 所示。

```
cd /home
```

执行后当前目录即为 /home。

图 1-6　切换到用户目录

cd 命令的常用形式有：

1）cd ~ ——切换到当前用户主目录。

2）cd .. ——切换到上一级目录。

3）cd / ——切换到根目录。

4）cd - ——返回到之前的目录。

1.2.4　ls 命令

ls 命令用于列出当前目录中的内容。不加参数的话，ls 命令会列出当前目录中不以点（.）开头的文件。以点（.）开头的文件是隐藏文件，通常包含重要的程序配置信息，除非必要，否则不要随意修改或删除这些文件。

要列出当前目录中的所有文件，包括名称以点开头的隐藏文件时，可使用命令 ls -a。在命令执行后，就会列出包含隐藏文件在内的所有文件，如图 1-7 所示。

图 1-7　列出所有文件

ls 命令的常用形式有：

1）ls -l ——以列的方式查看当前目录下的文件列表。

2）ls -a ——查看当前目录下的所有文件（包括隐藏文件）。

3）ls -la ——以列的方式查看当前目录下的所有文件。

1.2.5 touch 命令

touch 命令用于创建文件，例如 touch filename 即在当前目录下创建文件 filename。一般使用 touch 命令创建文本文件，如图 1-8 所示。

```
ros@ros-virtual-machine:~$ mkdir test
ros@ros-virtual-machine:~$ cd test
ros@ros-virtual-machine:~/test$ touch file1
ros@ros-virtual-machine:~/test$ ls
file1
ros@ros-virtual-machine:~/test$
```

图 1-8 创建文件

1.2.6 mkdir 命令

mkdir 命令用于创建目录，例如要在当前目录中创建一个名为 mydir 的目录时，可输入如下命令：

> mkdir mydir

在当前目录中创建的 mydir 目录如图 1-9 所示。

mkdir 命令的常用形式有：

1）mkdir xxx——新建目录 xxx。

2）mkdir -p aaa/bbb——递归创建多级目录 aaa/bbb。

tree 是以树形方式显示目录结构的工具，如图 1-10 所示。默认情况下 tree 没有安装，在使用命令 sudo apt install tree 安装完成后即可运行。

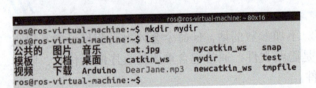

图 1-9 mydir 目录

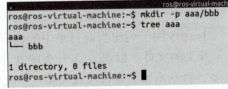

图 1-10 以树形方式显示目录结构

1.2.7 cp 命令

cp 命令用于复制文件，其格式为：

> cp 目录 1/ 文件 1 目录 2/ 文件 2

命令执行后会把位于目录 1 的文件 1 复制到目录 2，并命名为文件 2，如图 1-11 所示。

cp 命令的常用形式有：

cp -r dir1 dir2——递归复制目录 dir1 下的所有文件和文件夹到目录 dir2，如图 1-12 所示。

```
ros@ros-virtual-machine:~$ ls > file1
ros@ros-virtual-machine:~$ cp file1 aaa/bbb
ros@ros-virtual-machine:~$ cd aaa/bbb
ros@ros-virtual-machine:~/aaa/bbb$ ls
file1
ros@ros-virtual-machine:~/aaa/bbb$
```

图 1-11 复制文件

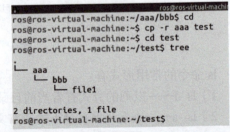

图 1-12 递归复制所有文件和文件夹

1.2.8 mv 命令

mv 命令用于移动文件或给文件重命名。例如 mv file1 dir 表示将文件 file1 移动到目录 dir，如图 1-13 所示。

mv 命令的常用形式有：

1）mv file1 file2——将文件 file1 重命名为 file2。

2）mv 目录1 目录2——将目录1的文件移动到目录2。

在同一目录下，如果使用不同的文件名，则 mv 命令的执行结果相当于重命名文件，如图 1-14 所示。

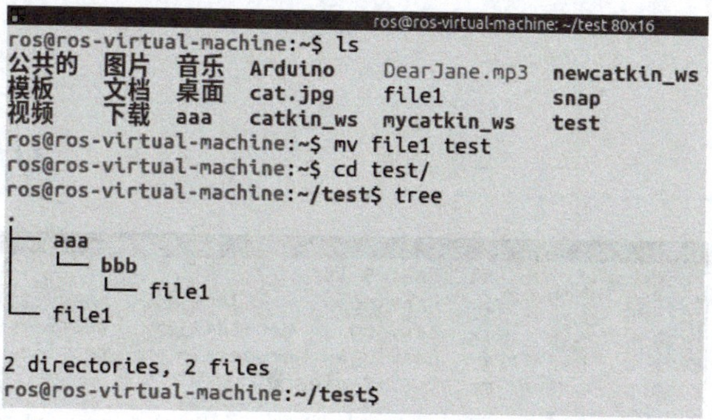

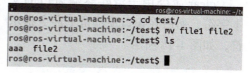

图 1-13　移动文件

图 1-14　重命名文件

图 1-15 所示为使用 mv 命令移动文件夹。

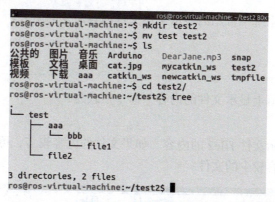

图 1-15　移动文件夹

1.2.9 rm 命令

rm 命令用于删除文件或目录，由于在终端窗口中用命令删除文件时没有回收站，一旦误删除就非常难恢复，因此删除文件时要谨慎操作。图 1-16 所示为删除文件 file2。

rm 命令的常用形式有：

rm -rf xxxx——删除 xxxx 文件或目录。

删除文件（文件夹）时，系统不会向用户确认，因此操作时需谨慎。rm 命令中如果不带 -r 参数，就不能删除目录，只能删除文件。图 1-17 所示为删除 aaa 目录。

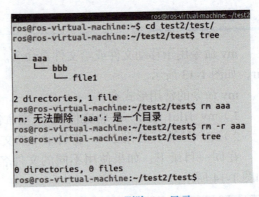

图 1-16　删除文件 file2

图 1-17　删除 aaa 目录

1.2.10　clear 命令

clear 命令用于清除终端窗口的文本字符，然后在窗口顶部留下命令提示符，如图 1-18 所示。

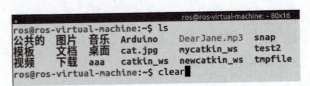

图 1-18　清除终端窗口的文本字符

▼ 1.3　文件内容

本节介绍 Ubuntu 系统中常用的显示文本文件内容命令的用法。

1.3.1　cat 命令

cat 命令用于在屏幕上显示文件的内容，命令格式为：

cat 文件

图 1-19 所示为显示文件 file2 的内容。如果文件的内容较多，可能无法显示所有内容。cat 命令更适合查看内容较少的文件。

图 1-19　显示文件 file2 的内容

1.3.2　less 命令

less 命令可将文件内容一次一页地显示到屏幕上，命令格式为：

less 文件

每按一次 <Space> 键就显示下一屏内容，直至文件显示完成，如图 1-20 所示。

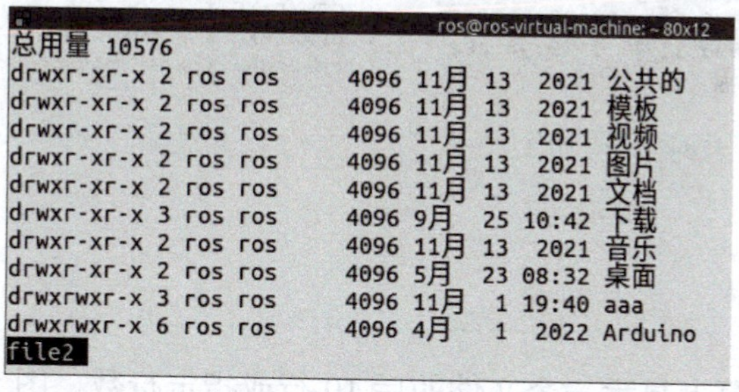

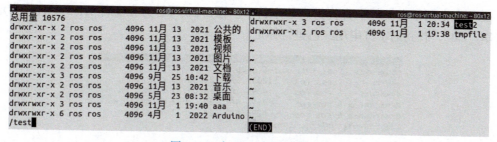

图 1-20　逐屏显示文件内容

如果要退出，可按 <Q> 键。less 命令常用于显示输出较长的文件。

less 命令常用的快捷键及输入方式如下：

1）<Space> 键——前进一页（一个屏幕）。

2）<B> 键——回退一页。

3）<Enter> 键——前进一行。

4）上下键——回退一行或前进一行。

5）<Q> 键——中止 less 命令，退出。

6）/ 字符串——向下搜索"字符串"。

7）? 字符串——向上搜索"字符串"。

8）n——重复前一个搜索。

可以使用 less 命令在文本文件中搜索关键字，先输入斜杠"/"，后跟要查找的字符串。图 1-21 所示为在 file2 中查找"test"。输入"n"可查找下一个字符串。

图 1-21　在 file2 中查找"test"

1.3.3　head 命令

head 命令用于在屏幕上显示一个文件的前 10 行或指定行数，图 1-22 所示为显示文件 file2 的前 10 行。

head 命令默认显示 10 行，加数字参数后可以显示文件前面的指定行数，如图 1-23 所示。

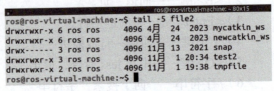

图 1-22　显示文件 file2 的前 10 行　　　　　图 1-23　显示文件前面的指定行数

1.3.4　tail 命令　///

tail 命令用于在屏幕上显示一个文件的后 10 行或指定行数，图 1-24 所示为显示文件的后 10 行。

图 1-25 所示为显示文件后面指定的 5 行。

图 1-24　显示文件的后 10 行　　　　　　图 1-25　显示文件后面指定的 5 行

1.3.5　grep 命令　///

grep 命令用于在文件中查找指定的字符串。图 1-26 所示为在文件 file2 中查找指定的字符串 "cat"，找到的字符串用红色进行标记。

图 1-26　在文件 file2 中查找指定的字符串 "cat"

grep 命令在查找字符串时会区分大小写，如果要忽略大小写的区别，可使用 -i 选项。如果要查找的字符串包含空格，则必须用单引号把字符串括起来。

grep 命令的其他一些选项是：

1）-v——显示不匹配的行。

2）-n——在每个匹配行的前面加上行号。

3）-c——仅打印匹配行的总数。

4）-i——忽略大小写。

grep 命令加上相应的参数后，可以查看不同的结果，也可以一次使用多个选项，如图 1-27 所示。

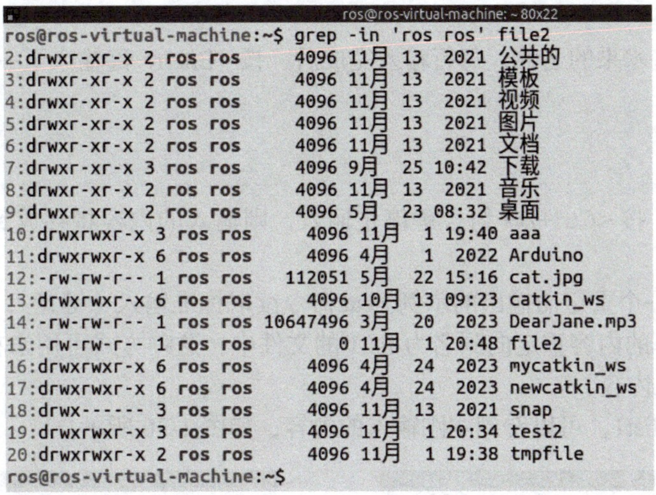

```
                          ros@ros-virtual-machine: ~ 80x22
ros@ros-virtual-machine:~$ grep -in 'ros ros' file2
2:drwxr-xr-x 2 ros ros    4096 11月  13   2021 公共的
3:drwxr-xr-x 2 ros ros    4096 11月  13   2021 模板
4:drwxr-xr-x 2 ros ros    4096 11月  13   2021 视频
5:drwxr-xr-x 2 ros ros    4096 11月  13   2021 图片
6:drwxr-xr-x 2 ros ros    4096 11月  13   2021 文档
7:drwxr-xr-x 3 ros ros    4096 9月   25 10:42 下载
8:drwxr-xr-x 2 ros ros    4096 11月  13   2021 音乐
9:drwxr-xr-x 2 ros ros    4096 5月   23 08:32 桌面
10:drwxrwxr-x 3 ros ros   4096 11月   1 19:40 aaa
11:drwxrwxr-x 6 ros ros   4096 4月    1  2022 Arduino
12:-rw-rw-r-- 1 ros ros 112051 5月   22 15:16 cat.jpg
13:drwxrwxr-x 6 ros ros   4096 10月  13 09:23 catkin_ws
14:-rw-rw-r-- 1 ros ros 10647496 3月  20  2023 DearJane.mp3
15:-rw-rw-r-- 1 ros ros      0 11月   1 20:48 file2
16:drwxrwxr-x 6 ros ros   4096 4月   24  2023 mycatkin_ws
17:drwxrwxr-x 6 ros ros   4096 4月   24  2023 newcatkin_ws
18:drwx------ 3 ros ros   4096 11月  13   2021 snap
19:drwxrwxr-x 3 ros ros   4096 11月   1 20:34 test2
20:drwxrwxr-x 2 ros ros   4096 11月   1 19:38 tmpfile
ros@ros-virtual-machine:~$
```

图 1-27　一次使用多个选项

1.3.6　wc 命令

wc 命令是一个方便的小工具，用于统计文件中的单词数量。wc 命令的输出结果会显示文件的总行数、单词数量和字符数量，如图 1-28 所示。

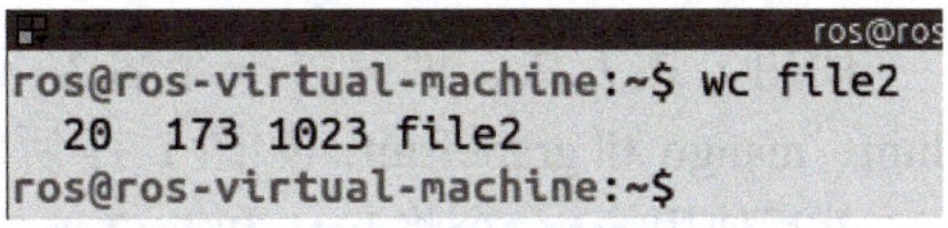

```
                                              ros@ros
ros@ros-virtual-machine:~$ wc file2
  20   173 1023 file2
ros@ros-virtual-machine:~$
```

图 1-28　wc 命令的输出结果

▼ 1.4　重定向与文件编辑

本节介绍重定向的概念与重定向符的使用，以及编辑文本类型文件命令的用法。

1.4.1　重定向

大多数情况下，Ubuntu 系统命令执行的结果会显示到屏幕上，这种情况称为写标准输出。与之相对的，命令执行时从键盘获得输入的情况称为读标准输入。除此之外，还有一个标准错误，即默认情况下，进程将其错误消息写入终端屏幕，即输出到屏幕。

重定向就是改变命令默认的输入或输出。

1.3 节中已经介绍过使用 cat 命令将文件内容写标准输出。现在只输入 cat 命令而不指定文件，然后在键盘上输入几个单词，再按 <Enter> 键，最后按 <Ctrl+D> 组合键结束输入。

可以看到，如果在未指定文件的情况下运行 cat 命令，它将读标准输入，并在接收到"文件结尾"（即 <Ctrl+D> 组合键）后，将接收的内容写标准输出。

1.4.2　重定向输出

使用大于号"＞"重定向命令的输出。例如，要创建一个名为 list1 的文件，其中包含水果列表，可输入下列命令：

```
cat > list1
```

然后输入一些水果的名称，每行输入完成后，按 <Enter> 键输入下一行：

```
pear
banana
apple
```

输入完成后，按 <Ctrl+D> 组合键停止输入，则输入的内容将存放到文件 list1 中，如图 1-29 所示。

图 1-29 就是一个重定向输出的示例。cat 命令读取标准输入（键盘），然后重定向输出，将原本输出到屏幕的内容重定向到名为 list1 的文件中。这种方式可用来在不打开文件的情况下向文件中输入内容。

输入命令 cat list1，可以看到刚刚输入的内容，如图 1-30 所示。

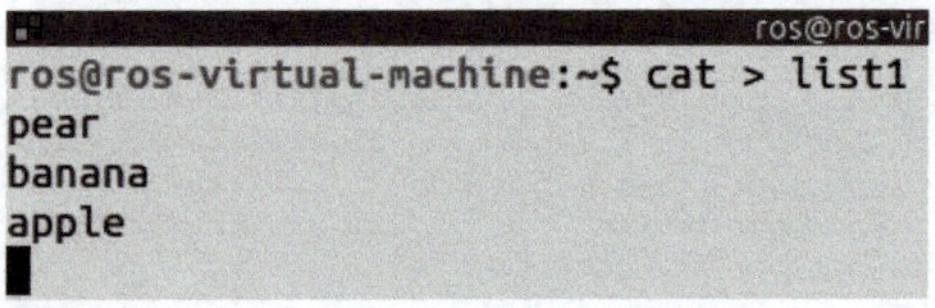

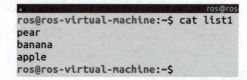

图 1-29　重定向输出　　　　　　　　　图 1-30　显示重定向输出的内容

使用上述方法，创建另一个名为 list2 的文件，其中包含以下水果的名称：orange、plum、mango 和 grapefruit，如图 1-31 所示。

然后使用 cat 命令将 list1 和 list2 连接（合并）到一个名为 biglist 的新文件中：

```
cat list1 list2 > biglist
```

上述命令依次读取 list1 和 list2 中的内容，然后将文本输出到文件 biglist，如图 1-32 所示。

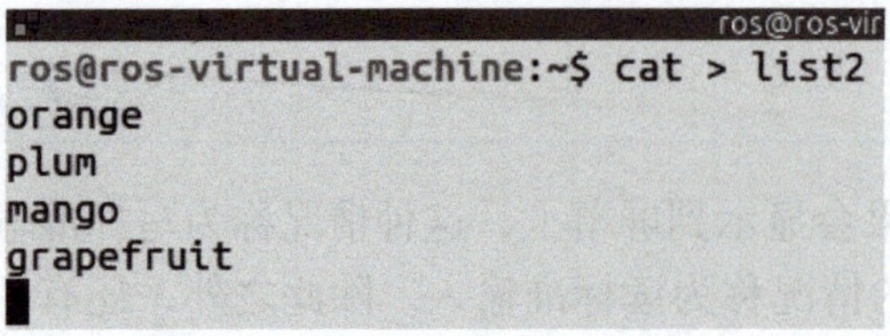

图 1-31　重定向输出到文件 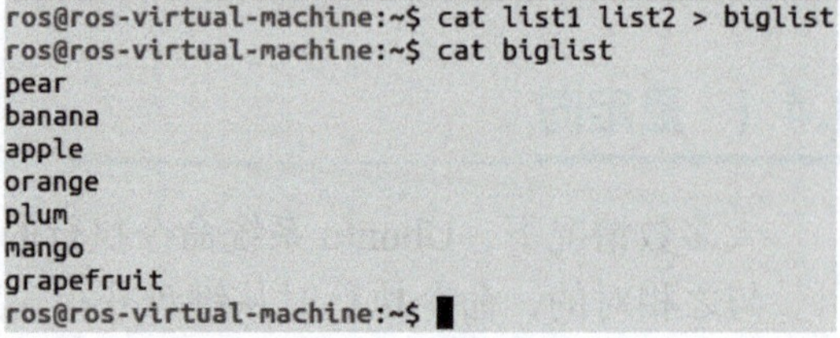　　　　　　　图 1-32　多个内容重定向输出

1.4.3　追加到文件

两个大于号"＞＞"用于将标准输出追加到文件（添加到文件末尾）。因此，要将更多内容添加到文件 list1 中时，可输入：

```
cat >> list1
```

然后输入更多水果的名称：

```
peach
grape
orange
```

完成后按 <Ctrl+D> 组合键停止输入文件内容，如图 1-33 所示。

输入命令 cat list1 可以显示追加后的文件内容，如图 1-34 所示。

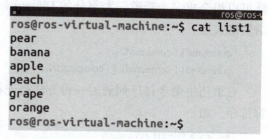

图 1-33　追加到文件 图 1-34　显示追加后的文件内容

1.4.4　重定向输入

使用小于号 "<" 重定向命令的输入。sort 命令用于按字母顺序或数字顺序进行排序。输入下列命令：

```
sort
```

然后输入一些英文单词，每行输入完成后，按一下 <Enter> 键，再输入下一行：

```
dog
cat
bird
ape
```

然后按 <Ctrl+D> 组合键停止输入内容，接着系统会输出排序后的结果：

```
ape
bird
cat
dog
```

使用 "<" 可以将输入重定向为来自文件而不是键盘。例如，要对文件 biglist 的内容进行排序时，可输入下列命令：

```
sort < biglist
```

命令执行后将输出排序的结果到屏幕。sort 命令排序的内容是通过重定向输入，从文件 biglist 中得到的。

重定向输入和重定向输出可以同时使用，下列命令运行后会将排序的结果输出到文件 slist 中：

```
sort < biglist > slist
```

使用 cat 命令读取文件 slist 的内容，可以看到排序后的结果。

1.4.5　管道

Ubuntu 系统使用竖线"|"连接多个命令，"|"称为管道符。管道符"|"左边命令的输出会变成右边命令的输入，类似于数据在管道中流动，因此得名。当两个命令之间设置管道符时，只要第一个命令是写标准输出，而第二个命令是读标准输入，那么这两个命令就可以组合成一个管道。大部分的 Ubuntu 命令都可以用来形成管道。Ubuntu 管道的具体语法格式如下：

```
command1 | command2
command1 | command2 [ | commandN... ]
```

获取历史命令排序列表的一种方法是先将历史命令列表存入文件中，然后再对文件内容排序，如：

```
history > file.txt
sort < file.txt
```

这样操作需要生成一个临时文件。使用管道可以把多个命令连接在一起，本例中，要做的是将 history 命令的输出直接连接到 sort 命令的输入，这样将不必使用临时文件且更为简洁高效，这正是管道的作用。

因此，获取历史命令排序列表时可以输入：

```
history | sort
```

在使用管道时，需要注意，命令 command1 必须有正确输出，而命令 command2 必须可以处理 command1 的输出结果。而且 command2 只能处理 command1 的正确输出结果，不能处理 command1 的错误信息。

管道也有重定向的作用，它也改变了数据输入和输出的方向。管道和重定向的不同之处在于重定向输出操作符">"将命令与文件连接起来，用文件来接收命令的输出；而管道符"|"是将命令与命令连接起来，用第二个命令来接收第一个命令的输出。

1.4.6　vim 编辑器

vi 编辑器是 Linux 操作系统的文本编辑器，而 vim 编辑器由 vi 编辑器发展而来，其代码补全、编译及错误跳转等方便编写代码的功能特别丰富，是 Linux 操作系统广泛使用的代码（文本）编写工具。

使用 vim 编辑文件

1. 安装 vim 编辑器

如果没有安装 vim 编辑器，可在终端窗口输入以下命令进行安装：

```
sudo apt install vim
```

安装过程中如有提示，回复"y"即可。

2. vim 编辑器的工作模式

vim 编辑器支持的命令和快捷键很多，本节仅介绍 vim 编辑器的基本用法。使用 vim

编辑器命令打开文件时，如果目录下有对应的文件，会直接打开该文件；如果目录下没有对应的文件，会新建该文件并打开它。vim 编辑器有 3 种模式。

（1）命令模式

当使用 vim 编辑器打开文件后，就进入命令模式，可以输入命令来执行相应的操作。常用的命令如下：

1）a——在光标后增加。

2）A——在光标所在行的最后增加。

3）i——在光标位置前插入。

4）I——在光标所在行第一个非空字符前插入。

5）x——每输入一次，删除光标后面的一个字符。

6）X——删除光标前面的一个字符。

7）dd——删除整行。

8）yy——复制整行。

9）D——删除光标到本行结束处的字符。

10）p——放置（粘贴）。

（2）输入模式

在命令模式下，输入 a、A、i、I 中的任意一个命令即可进入输入模式，在输入模式下可以增加或删除字符。在这个模式下，除了 <Esc> 键外，用户输入的任何字符都会被作为内容写入文件中。

（3）末行模式

用户在输入模式下完成编辑后，先按下 <Esc> 键进入命令模式，再按下冒号键 <:> 进入末行模式。在末行模式下可以对文件内容进行搜索、保存和设置行号，也可退出 vim 编辑器。末行模式的常用命令如下：

1）:q——结束编辑，退出 vim 编辑器。

2）:q!——不保存退出。

3）:wq——保存退出。

4）:set nu——显示行号。

5）:set nonu——不显示行号。

6）:w——保存文件，但不退出 vim 编辑器。

7）:w!——强制保存文件，不退出 vim 编辑器。

8）:wq!——强制保存文件并退出 vim 编辑器。

如果已经编辑更改过文件内容，但是通过使用鼠标直接关闭终端窗口的方式退出 vim 编辑器，下次再打开 vim 编辑器时，会提示用户非正常关闭 vim 编辑器。使用 vim 编辑器编辑配置文件时，为避免错误的改动被保存而无法撤销，通常要先复制备份原文件，然后再修改文件。如果在修改文件过程中出错，可以从备份文件中恢复。

▼ 1.5　文件权限、进程与系统管理

本节介绍 Ubuntu 系统中常用的文件权限、进程和系统管理相关命令的用法。

1.5.1　通配符 ///

1. 通配符"*"

字符"*"作为通配符用在命令中时，会与文件（或目录）名称中的一个或多个字符匹配，代表任意长度的任意字符。例如输入命令：

```
ls list*
```

将列出当前目录中以字符 list 开始的所有文件。

如果输入命令：

```
ls *list
```

将列出当前目录中以任意长度字符开头、以 list 结尾的所有文件。

2. 通配符"?"

通配符"?"用于匹配一个字符。例如输入命令：

```
ls ?list
```

将列出当前目录中以任意字符（1 个字符）开头、以 list 结尾的所有文件。

1.5.2　文件命名 ///

Ubuntu 系统把目录看成是一种特殊的文件类型。因此，文件命名的规则和约定也适用于目录。

在文件命名时，应避免使用具有特殊含义的字符，例如"/""*"和"%"。另外，也要避免在名称中使用空格。比较好的做法是仅使用字母、数字字符（即字母和数字）以及"_"（下画线）和"."（点），见表 1-1。

表 1-1　文件命名

好的文件命名	不好的文件命名
project.txt	project
my_big_program.c	my big program.c
fred_dave.doc	fred & dave.doc

文件名通常是以小写字母开头的一组字符，然后加上点，再加上一组表示文件内容的字母，以此来表示这一组文件的类型或类别，点后的一组字母在使用过程中常被称为类型名或扩展名。例如所有由 C 代码组成的文件都可以 .c 结尾，例如 prog1.c。因此，要列出主目录中所有包含 C 代码的文件，只需在该目录中输入 ls *.c 即可。

1.5.3　命令帮助

man 命令中的"man"是单词"manual"的缩写，即使用手册的意思。man 命令会列出一份完整的说明，其内容包括命令语法、各选项的意义及相关命令。man 命令不仅可以查看 Linux 操作系统中命令的使用帮助，还可以查看软件服务配置文件、系统调用和库函数等帮助信息。man 命令文件存放在 /usr/share/man 目录下。输入 man 命令可以查看特定命令的用法。

例如要查找有关 wc 命令的更多信息时，可输入：

> man wc

输入后系统会给出命令的单行描述，但会省略有关选项等的任何信息。

1.5.4　文件权限

Ubuntu 系统为文件定义了读、写、执行 3 种权限，不同的用户或用户组可以有不同的权限。系统使用字母"r""w""x"分别表示文件的读、写、执行权限。使用如下命令可以查看用户对当前目录或者文件的操作权限：

> ls -l

使用后可以看到有关目录或文件内容的许多详细信息，如图 1-35 所示。

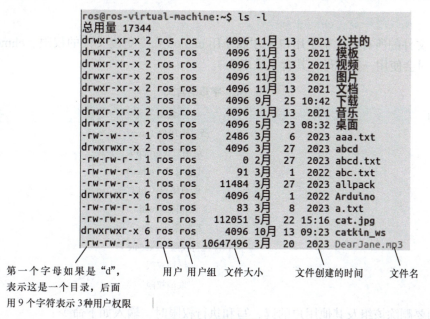

图 1-35　详细信息

第一列显示每个文件或目录的访问权限，它是一个 10 个字符的字符串，最左端的字符只能是"d"或"-"，如果是"d"，表示这是一个目录；如果是"-"，表示这是一个文件。

剩余的 9 个字符表示对该文件或目录的权限，分为 3 组，每组 3 个权限：

第一组为文件或目录所有者的权限。

中间组为文件或目录所属用户的所在组的其他用户拥有的权限，通常称为组用户。

第三组为除了上述用户以外的其他用户的权限，通常称为其他用户。

（1）文件的权限

1）"r"表示读权限，即能否读取和复制文件。

2）"w"表示写权限，即能否更改文件。

3）"x"表示执行权限，即能否运行文件。

（2）目录的权限

1）"r"允许用户列出目录中的文件。

2）"w"允许用户从目录中删除文件或将文件移入其中。

3）"x"表示用户有权访问目录中的文件，这意味着如果用户对单个文件具有读取权限，则可以读取目录中的文件。

如果权限选项为"-"，表示没有该权限。为了读取文件，用户必须对包含该文件的目录具有执行权限，因此必须对以该目录作为子目录的任何目录具有执行权限，以此类推，见表 1-2。

表 1-2　目录的权限含义

-rwxrwxrwx	所有用户都可以读，写和执行（删除）
-rw -------	只有所有者可以读和写，其他任何人都不能读和写，并且没有人具有执行权限

（3）更改权限命令（chmod 命令）

只有文件的所有者（宿主用户）才能使用 chmod 命令更改文件的权限。chmod 命令在修改权限时会使用一些字母，其含义见表 1-3。

表 1-3　字母的含义

字母	含义
u	所有者用户（user）
g	组用户（group）
o	其他用户（other）
a	所有用户（all）
r	读权限（read）
w	写权限（write）
x	执行权限（execute）
+	增加权限
−	取消权限

例如要删除该组及其他用户的读、写和执行权限时，输入如下命令：

```
chmod go-rwx filename
```

要将文件 filename 的读、写权限授予所有人时，输入如下命令：

```
chmod a+rw filename
```

使用 chmod 命令改变权限时，常常搭配 -R 参数，其作用是递归地修改该文件夹中的所有文件及其子文件夹中的文件。

（4）切换超级用户权限命令（sudo 命令）

Ubuntu 系统的 root 用户具有系统操作的所有权限，包括对系统重要文件和目录的读、写权限。出于安全考虑，Ubuntu 系统默认情况下不启用 root 用户登录，普通用户遇到需要安装软件、更改系统配置等情况时，可使用 sudo 命令临时提升权限，以 root 用户的权限执行相应的操作。sudo 命令用于普通用户以超级用户权限执行命令时，允许普通用户在不切换 root 用户身份的情况下执行需要超级用户权限的任务。

sudo 命令的基本用法是在要执行的命令前加上 sudo，按 <Enter> 键后输入 root 用户命令即可。需要注意的是，Ubuntu 20.04 系统的 root 用户密码与安装系统时创建的第一个普通用户的密码相同。

（5）权限的数字模式

为了简化修改权限操作，可用数字 4、2、1 来分别表示读、写、执行权限，0 表示没有权限，而代表各种权限的数字之和就是文件的权限。如果一个文件的权限数字为 7（7=4+2+1），表示对这个文件可读、可写、可执行。设置文件权限时，用 3 个数字表示 3 种用户权限：所有者、组用户、其他用户，例如命令：

```
chmod 600 test.c
```

上述命令在执行后，文件 test.c 的所有者即拥有读和写权限（6=4+2），组用户和其他用户没有权限（权限数字为 0），即不可读、不可写、不能执行。

1.5.5　ps 命令

ps 命令是 Ubuntu 系统中查看进程的命令，通过 ps 命令可以查看操作系统中正在运行的进程，并可以获得进程的 PID（进程标识符）。ps 命令的常用形式如下：

```
ps -ef | grep [ 进程关键字 ]
```

图 1-36 中列出了含有关键字"python"的进程，参数 -ef 表示列出所有的进程。使用上述命令时，在显示的进程列表中：第一列表示开启进程的用户；第二列表示进程唯一标识 PID；第三列表示父进程 PPID；第四列表示 CPU 占用资源比例；第五列表示进程开始运行时间；第六列表示开启进程的终端；最后一列表示进程所在执行程序的具体路径。

```
ros@ros-virtual-machine: ~ 81x24
ros@ros-virtual-machine:~$ ps -ef | grep python
root         765       1  0 19:17 ?        00:00:00 /usr/bin/python3 /usr/bin/net
workd-dispatcher --run-startup-triggers
root         860       1  0 19:17 ?        00:00:00 /usr/bin/python3 /usr/share/u
nattended-upgrades/unattended-upgrade-shutdown --wait-for-signal
ros         2020    1468  0 19:18 ?        00:00:09 /usr/bin/python3 /usr/bin/ter
minator
ros         3184    2032  0 21:59 pts/0    00:00:00 grep --color=auto python
ros@ros-virtual-machine:~$
```

图 1-36　查看进程

1.5.6　kill 命令

当系统中有进程进入死循环，或者需要被关闭时，可以使用 kill 命令关闭该进程，也

21

称为**杀进程**。使用时在 kill 命令后面跟上进程号即可。

> kill 进程号

1.5.7　df 命令　///

df 命令用于显示系统的磁盘空间大小。例如要了解磁盘上还有多少存储空间，可输入如下命令，如图 1-37 所示。

> df .

```
                              ros@ros-virtual-machine: ~ 81x24
ros@ros-virtual-machine:~$ df .
文件系统            1K-块      已用      可用 已用% 挂载点
/dev/sda5        50902736 19010220 29595920   40% /
ros@ros-virtual-machine:~$
```

图 1-37　显示系统的磁盘空间

1.5.8　du 命令　///

du 命令用于显示目录或文件占用的存储空间（单位为 KB），其常用形式如下：

> du -s 目录或文件

参数 -s 表示显示总的大小，如图 1-38 所示。

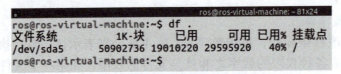

```
                              ros@ros-virtual-machine: ~ 81x24
ros@ros-virtual-machine:~$ ls
公共的   图片   音乐  Arduino  catkin_ws      list1        newcat
模板     文档   桌面  biglist  DearJane.mp3   list2        snap
视频     下载   aaa   cat.jpg  file2          mycatkin_ws  test2
ros@ros-virtual-machine:~$ du -s DearJane.mp3
10400    DearJane.mp3
ros@ros-virtual-machine:~$ du -s test2/
8        test2/
ros@ros-virtual-machine:~$
```

图 1-38　显示总的大小

如果用"*"代替命令中的文件或目录名，则显示所有文件或目录的大小，如图1-39所示。

```
                              ros@ros-virtual-machine: ~81x24
ros@ros-virtual-machine:~/catkin_ws$ du -s *
57800    build
25312    devel
1524     src
180      tree.txt
ros@ros-virtual-machine:~/catkin_ws$
```

图 1-39　显示所有文件或目录的大小

1.5.9　重启与关机　///

重启 Ubuntu 系统时使用命令 reboot，如果执行时提示权限不足，可以在前面加上 sudo 提权。还可以使用 init 6 命令重启系统。

关闭系统时使用 poweroff 命令，此外，也可以使用 init 0 命令关闭系统。

1.6　文件查找、打包与压缩

本节介绍 Ubuntu 系统中文件查找、打包与压缩命令的用法。

1.6.1　文件查找

find 命令用于查找具有指定名称、日期、大小或指定的任何其他属性的文件和文件夹。find 命令支持对找到的文件进行后续操作，掌握该命令的基本用法对熟练操作 Ubuntu 系统非常重要。其基本用法可概括为：

使用 find 命令
查找文件

> find < 何处 > < 何物 > < 做什么 >

"何处"是指在哪个目录找（包含子目录）；"何物"是指要找什么文件，可以根据名称、日期、大小等查找；"做什么"是指找到文件后的后续处理，如果不指定这个参数，则 find 命令只会显示找到的文件。

1）要查找扩展名为 .txt 的所有文件，输入下列命令：

> find -name "*.txt"

运行结果如图 1-40 所示。

```
                                    ros@ros-virtual-machine: ~ 80x22
ros@ros-virtual-machine:~$ find -name '*.txt'
./.config/Code/Service Worker/CacheStorage/040f385de30d2b52f6
663/index.txt
./.local/share/CMakeTools/log.txt
./.cache/vmware/drag_and_drop/WNYQvx/ROS_message.txt
./.cache/vmware/drag_and_drop/7Sx0G0/virtualbox使用WiFi.txt
./.cache/vmware/drag_and_drop/LJjEwx/ROS_message.txt
./.cache/vmware/drag_and_drop/wNyUlx/ROS_message.txt
./.cache/vmware/drag_and_drop/gXOhkt/gen10_centos7_bt.txt
./.cache/tracker/parser-version.txt
./.cache/tracker/first-index.txt
./.cache/tracker/last-crawl.txt
./.cache/tracker/db-locale.txt
```

图 1-40　查找扩展名为 .txt 的所有文件

2）从当前目录开始查找大小超过 50MB 的文件，输入下列命令：

> find -size +50M

运行结果如图 1-41 所示。

```
                                    ros@ros-virtual-machine: ~ 80x22
ros@ros-virtual-machine:~$ find -size +50M
./.config/Code/User/workspaceStorage/b8510523357d71e1
cpptools/.browse.VC.db
./.config/Code/User/workspaceStorage/a2ded76085c5f3b8
cpptools/.browse.VC.db
./.cache/vscode-cpptools/ipch/def6f7c46ac1ad03/hello_
./mycatkin_ws/.vscode/browse.vc.db
./newcatkin_ws/.vscode/browse.vc.db
ros@ros-virtual-machine:~$
```

图 1-41　从当前目录开始查找大小超过 50MB 的文件

3）查找 *.py 文件并修改权限为 600，输入下列命令：

find -name "*.py" -exec chmod 600 {} \;

运行结果如图 1-42 所示。

```
ros@ros-virtual-machine: ~/catkin_ws 81x25
ros@ros-virtual-machine:~/catkin_ws$ find -name "*.py" -exec chmod 600 {} \;
ros@ros-virtual-machine:~/catkin_ws$
```

图 1-42　查找文件并修改权限

该命令执行后，对查找到的每个扩展名为 .py 的文件，都执行 -exec 参数后面指定的操作，即修改文件权限为 600。命令中的 "{}" 代表查找到的文件，"\;" 是命令的结尾。

4）在指定的目录中查找文件并复制到指定文件夹，输入下列命令：

find ~/catkin_ws/ -name "*.py" -exec cp {} ~/test2 \;

运行结果如图 1-43 所示。

```
ros@ros-virtual-machine: ~ 88x25
ros@ros-virtual-machine:~$ find ~/catkin_ws/ -name "*.py" -exec cp {} ~/test2 \;
ros@ros-virtual-machine:~$
```

图 1-43　在指定的目录中查找并复制文件

上述命令在 ~/catkin_ws/ 目录下查找所有以 .py 为扩展名的文件，找到后复制到 ~/test2 目录。

5）查找并删除文件，输入下列命令：

find ~/test2 -name "*.py" -delete

运行结果如图 1-44 所示。

```
ros@ros-virtual-machine: ~ 88x25
ros@ros-virtual-machine:~$ find ~/test2 -name "*.py" -delete
ros@ros-virtual-machine:~$
```

图 1-44　查找并删除文件

上述命令查找并删除 ~/test2 目录下所有以 .py 为扩展名的文件，由于命令执行时不会有删除提示，需要谨慎使用。

1.6.2　打包与压缩

压缩与
解压文件

Ubuntu 系统中的文件打包是指将多个文件变成一个文件，也称为存档或归档，解包是打包的逆过程。文件压缩是指将一个占用较大存储空间的文件变成一个占用较小存储空间的文件，解压是压缩的逆过程。Ubuntu 系统的众多文件格式中，.tar 格式是打包后的文件；.tar.gz 是先打包后压缩的文件；.zip 是压缩文件。标准的 .zip 压缩文件在 Windows 系统中也可以打开。

1. 打包 / 解包 .tar 文件

Ubuntu 系统使用 tar 命令打包或解包文件，打包文件常用的参数是 -cvf，输入命令 "tar-cvf filename.tar *.sh" 后，可将当前目录下所有的 .sh 文件打包为一个文件 filename.tar。

输入命令 "tar -cvf mysh.tar *.sh" 后，可将当前目录下所有的 .sh 文件打包为一个文件 mysh.tar，如图 1-45 所示。

使用 tar 命令对 .tar 文件解包时，常用的参数是 -xvf，输入命令 "tar -xvf mysh.tar" 后，可将之前打包好的文件解包，如图 1-46 所示。

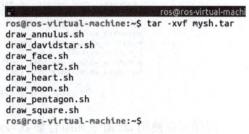

图 1-45　使用 tar 命令打包文件　　　　图 1-46　使用 tar 命令解包文件

2. 压缩 / 解压 .gz 文件

Ubuntu 系统压缩文件的主要格式有 .gz 和 .zip。.gz 格式文件的压缩、解压命令分别为 gzip、gunzip。使用 gzip 命令压缩得到的文件扩展名为 .gz，例如命令 "gzip FileName" 会压缩文件 FileName 得到压缩后的文件 FileName.gz，压缩操作是在文件 FileName 上进行的，不会生成新的文件，完成后在原文件名后加 .gz 命名压缩后的文件。

由于 gzip 命令只能压缩文件，不能打包，常用的操作方法是先用 tar 命令打包文件或目录，然后用 gzip 命令压缩。压缩 / 解压命令的常规用法如下：

> gunzip FileName.gz　　　　　　# 解压文件 FileName.gz
> gzip FileName　　　　# 压缩文件 FileName 得到压缩后的文件 FileName.gz

使用 gzip 命令压缩文件 history.txt，如图 1-47 所示。如果系统中没有 history.txt 文件，可以先执行 "history > history.txt" 命令生成文件。

使用 gunzip 命令解压文件 history.txt.gz，如图 1-48 所示。

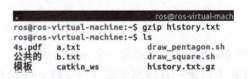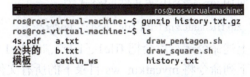

图 1-47　使用 gzip 命令压缩文件　　　　图 1-48　使用 gunzip 命令解压文件

3. 压缩 / 解压 .tar.gz 文件与 .tgz 文件

使用 tar 命令执行打包压缩或解压解包操作时常用的命令参数有：

1）-c——创建打包文件。

2）-x——释放打包文件。

3）-z——调用 .gz 格式的工具进行处理。

4）-v——显示所有过程。

5）-f——指定打包文件的名称，必须放在所有选项的最后。

使用组合参数 -zcvf 将目录 mycatkin_ws 下的所有文件（夹）打包压缩为 mycatkin_ws.tar.gz，输入命令如下：

```
tar -zcvf mycatkin_ws.tar.gz mycatkin_ws/
```

运行结果如图 1-49 所示。

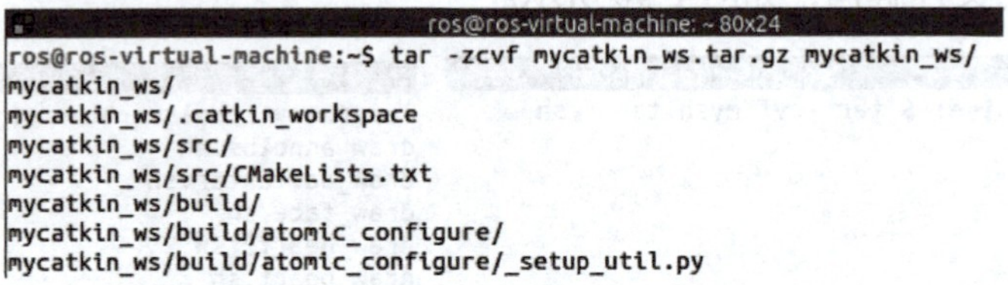

图 1-49　tar 命令使用组合参数打包压缩文件

同样可以使用 tar 命令加组合参数 -zxvf 直接解压解包 .tar.gz 文件，此时不需要先解压后解包。

一次完成对文件 mycatkin_ws.tar.gz 的解压解包操作时，输入命令如下：

```
tar -zxvf mycatkin_ws.tar.gz
```

运行结果如图 1-50 所示。

4. 压缩 / 解压 .zip 文件

使用 zip 命令可以得到 .zip 格式的压缩文件，.zip 格式的压缩文件使用 unzip 命令解压。

需要注意的是，采用最小安装方式安装的 Ubuntu 20.04 系统没有 zip 文件压缩工具，需要使用如下命令安装 zip 文件压缩工具。

图 1-50　tar 命令使用组合参数解压解包文件

```
sudo apt install zip
```

使用 zip 命令压缩文件的格式为：

```
zip filename.zip file1 file2 floder1 floder2
```

上述命令运行后会把 file1、file2、floder1 和 floder2 一起压缩为一个 .zip 格式的文件。

下列命令将 mycatkin_ws 目录下的所有文件和子目录一并压缩生成压缩文件 mycatkin_ws.zip。

```
zip -r mycatkin_ws.zip mycatkin_ws
```

参数 -r 表示递归执行压缩操作，如果不加参数 -r，将只对该目录中的文件执行压缩操作，不包括该目录中的子目录。

图 1-51 所示命令将目录 mycatkin_ws 压缩为 mycatkin_ws.zip。图 1-52 所示命令将目录 mycatkin_ws 和文件 history.txt 压缩为一个文件。如果还有更多文件或目录需要压缩在一起，只需在命令后面加上文件或目录即可。

```
ros@ros-virtual-machine: ~ 80x24
ros@ros-virtual-machine:~$ zip -r mycatkin_ws.zip mycatkin_ws/
  adding: mycatkin_ws/ (stored 0%)
  adding: mycatkin_ws/.catkin_workspace (deflated 18%)
  adding: mycatkin_ws/src/ (stored 0%)
  adding: mycatkin_ws/src/CMakeLists.txt (deflated 57%)
  adding: mycatkin_ws/build/ (stored 0%)
```

图 1-51　使用 zip 命令把目录压缩为一个文件

```
ros@ros-virtual-machine: ~ 80x24
ros@ros-virtual-machine:~$ zip -r mycatkin_ws.zip mycatkin_ws/ history.txt
  adding: mycatkin_ws/ (stored 0%)
  adding: mycatkin_ws/.catkin_workspace (deflated 18%)
  adding: mycatkin_ws/src/ (stored 0%)
```

图 1-52　使用 zip 命令把目录和文件压缩为一个文件

解压文件时，使用 unzip 命令。

unzip mycatkin_ws.zip

1.7　管理软件包

Ubuntu 系统提供了一种中心化的机制，用来搜索和安装软件。软件通常存放在软件仓库中，并通过软件包的形式对外进行分发。处理软件包的工作称为包管理。除了安装软件包外，包管理还提供了工具来更新已经安装的软件包。

本节介绍如何在 Ubuntu 系统中安装、卸载、升级软件包。

安装 Ubuntu
常用软件包

1.7.1　管理在线包

早期的 Ubuntu 系统使用 apt-get 命令来管理软件包，在 Ubuntu 16.04 系统发布时，使用了新的包管理命令 apt。对软件包的管理在多数情况下需要 root 用户权限，通常在包管理命令 apt 前加上 sudo 命令用于提权。

包管理的常用命令如下：

（1）sudo apt install package-name

该命令用于安装软件包。

（2）sudo apt remove package-name

该命令用于移除软件包。

（3）sudo apt purge package

该命令用于移除软件包及配置文件，通常也称为卸载软件。

（4）sudo apt update

该命令用于更新软件仓库索引。在 Ubuntu 系统中安装或更新软件前，通常都会先执行该命令更新软件仓库索引，以便顺利完成安装。

（5）sudo apt upgrade

该命令用于升级软件包。

（6）sudo apt full-upgrade

该命令用于在升级软件包时自动处理软件包之间的依赖关系。

（7）sudo apt install -f

安装软件包的过程中可能会提示依赖项的错误，导致无法更新或安装软件包，此时可以使用这个命令来修复依赖项的问题。命令中的参数 -f 表示修复（Fix）。

一般情况下，更改了软件源后，都需要执行 sudo apt update 命令来更新索引，否则，会出现安装软件包时系统提示找不到软件源的情况。

1.7.2　安装 / 卸载离线包

dpkg (Package Manager for Debian) 是 Debian 系统和基于 Debian 的系统的包管理工具，可以用来安装、构建、管理和卸载 .deb 格式的软件包。Ubuntu 系统中的 .deb 文件可以理解为 Windows 系统中的 .exe（可执行）文件。在 Ubuntu 系统中也可以通过双击 .deb 文件运行该软件包。

dpkg 主要用于对已下载到本地和已安装的软件包进行管理。Ubuntu 系统是基于 Debian 系统的 Linux 系统，在 Ubuntu 系统中可以使用以下命令安装 .deb 格式的软件包：

```
sudo dpkg -i package.deb
```

命令中的参数 i 表示安装（Install）。

卸载已安装的软件包的命令格式为：

```
sudo dpkg -r package
```

此时只需要指定软件的名称即可。

1.7.3　管理 Python 功能包

Python 是一种跨平台的高级编程语言，其数据处理速度快，功能强大且简单易学，在数据分析与处理中被广泛应用。Python 采用解释运行的方式，在编写后无需进行编译即可直接通过解释器执行，具有典型的动态语言特点，编程效率高。Python 是完全面向对象的语言，支持面向过程和面向对象编程，有非常丰富的标准库支持，具有良好的可扩展性。Python 是开发 ROS 应用软件包的常用编程语言，Ubuntu 20.04 操作系统预装了 Python，有 Python 2.x 和 Python 3.x 两个版本，一般把 Python 2.x 称为 Python 或 Python 2，把 Python 3.x 称为 Python 3。Python 有着数量丰富、功能强大的第三方功能包，在 Web 应用开发、系统网络运维、科学与数字计算、3D 游戏开发、图形界面开发和网络编程等方面有广泛应用。Python 使用 pip 工具管理这些功能包。

1. 安装 pip 工具

pip 工具是 Python 的包管理工具，提供了对 Python 包的查找、下载、安装和卸载功能，可使用下列命令安装 pip 工具。

```
python -m pip install pip
```

除此之外，也可以使用 Ubuntu 系统命令安装 pip。

```
sudo apt install python-pip 或者 sudo apt install python3-pip
```

因为 Python 2 与 Python 3 不完全兼容，如果在一个系统中同时存在 Python 2 和 Python 3，一般 pip 对应 Python 2.x，pip 3 对应 Python 3.x。

2. 更新 pip 工具

下列命令用于更新 pip 工具：

```
pip install --upgrade pip 或者 pip3 install --upgrade pip
```

3. 安装 Python 包

使用 pip 命令安装 Python 包的格式如下：

```
pip install 软件包名或者 pip3 install 软件包名
```

命令运行后会从官方源下载 Python 包，如果下载速度不理想，也可以临时使用国内镜像站点的安装包，命令格式如下：

```
        pip install -i 镜像站点 软件包名
  或者   pip3 install -i 镜像站点 软件包名
```

参数 -i 表示临时使用指定的镜像源安装包。下列命令临时使用了清华大学源安装 numpy 包。

```
        pip install -i https://pypi.tuna.tsinghua.edu.cn/simple numpy
  或者   pip3 install -i https://pypi.tuna.tsinghua.edu.cn/simple numpy
```

使用 pip install 时，默认安装最新版本的包。在某些情况下，安装最新版本的包可能会改变原有运行环境，导致软件版本冲突而不能正常运行。这种情况下，可以指定要安装的包的版本，例如：

```
pip install numpy=1.9.1 或者 pip3 install numpy=1.9.1
```

上述命令可以指定安装 1.9.1 版本的 numpy。

4. 卸载 Python 包

卸载 Python 包的命令格式如下：

```
pip uninstall 软件包名
```

5. 安装 OpenCV

OpenCV 是开源计算机视觉库，使用 C++ 语言编写，具有 C++、Python、Java 和 MATLAB 接口，支持 Windows、Linux、Android 和 macOS。OpenCV 由一系列 C 函数和少量 C++ 类构成，实现了图像处理和计算机视觉的很多通用算法，广泛应用在人机互动、物体识别、图像分割、人脸识别、动作识别、运动跟踪、机器人、运动分析、机器视觉和自动驾驶等领域。OpenCV 开源免费，可以在商业环境中使用。在 ROS 中编写图像处理和计算机视觉应用的 Python 程序时也会用到 OpenCV。下面介绍如何在 Ubuntu 20.04 系统中以 whl 软件包的方式安装 OpenCV。

.whl 文件是以 wheel 格式保存的 Python 安装包，wheel 目前被认为是 Python 二进制包的标准格式。.whl 文件包含安装所需的文件和数据，也包含所使用的 wheel 版本和打包的规范。.whl 文件使用 .zip 格式进行压缩，实际上也是一种压缩文件。

通常情况下，可以从 .whl 文件的命名了解到该软件包适用的操作系统和 Python 版本，如图 1-53 所示，文件名中的"opencv_python-3.4.9.33"表示 OpenCV 的版本为 3.4.9.33，"cp36"表示适用于 Python 3.6 版本，"manylinux1"表示适用于 Linux 系统，"x86_64"表示适用于 32 位和 64 位的硬件系统。

以 .whl 文件的方式安装 OpenCV 时，先要确认 Python 的版本，如图 1-54 所示。

然后使用 pip3 命令安装 OpenCV，如图 1-55 所示，这里安装的是适合 Python 3.6 的 OpenCV 3.4.9.33。

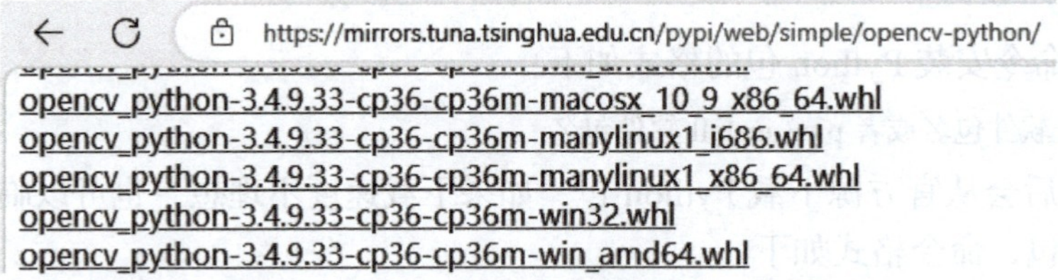

图 1-53　下载 OpenCV

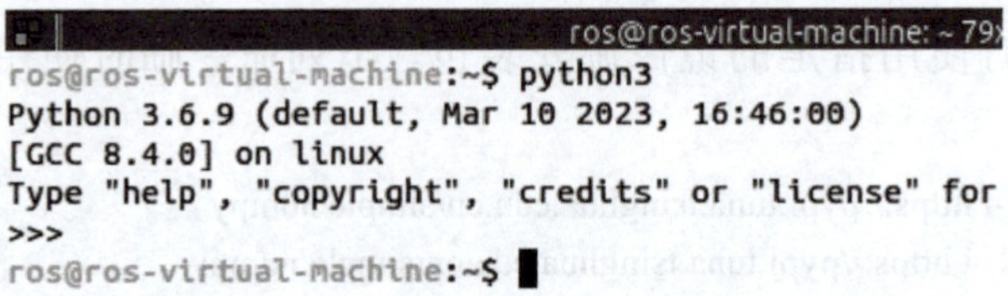

图 1-54　确认 Python 的版本

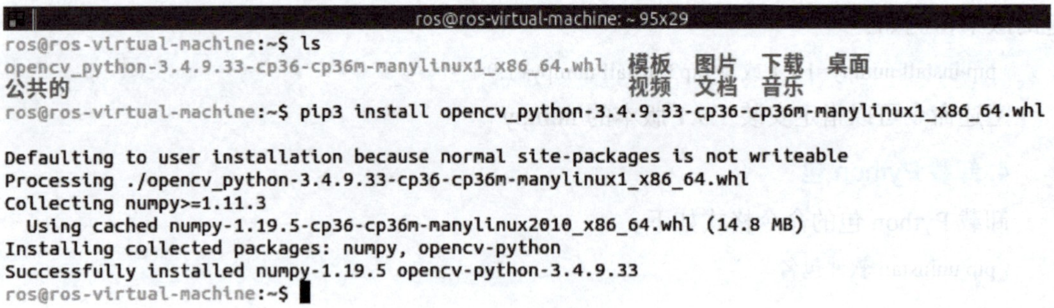

图 1-55　安装 OpenCV 3.4.9.33

输入如图 1-56 所示的命令测试 OpenCV，如果能显示 OpenCV 的版本号则说明安装成功。

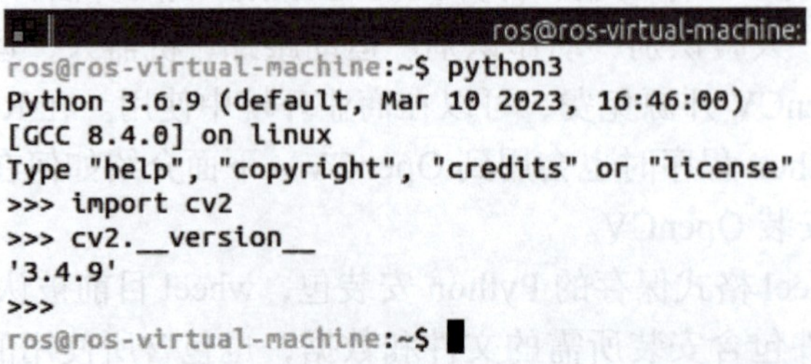

图 1-56　测试 OpenCV 是否安装成功

本章小结

本章介绍了 Ubuntu 20.04 系统的基本命令及用法，包括文件与文件夹的创建、修改、移动和删除，文件的查找、打包、压缩和权限调整，重定向与管道，进程与系统信息，软件包的安装与卸载，这些内容是学习 ROS 的先修必备知识。Ubuntu 系统命令行操作模式的工作效率远高于图形化界面的工作效率，熟练掌握这些命令有助于 ROS 的学习。

习题

1. 选择题

（1）下面的 4 个 Linux 命令中，可以一次显示一屏内容的是（　　　）。

A. pause B. cat C. more D. grep

（2）更改文件权限的命令是（　　　）。

A. attrib B. chmod C. change D. file

（3）下面的 4 条命令中，可以把 f1.txt 复制到 f2.txt 的是（　　　）。

A. cp f1.txt f2.txt B. cat f1.txt | f2.txt

C. cat f1.txt > f2.txt D. copy f1.txt f2.txt

（4）显示一个文件最后几行的命令是（　　　）。

A. tac B. tail C. rear D. last

（5）可以快速切换到用户 John 的主目录下的命令是（　　　）。

A. cd @John B. cd #John C. cd &John D. cd ~John

（6）可在文件中查找显示所有以"*"打头的行的命令是（　　　）。

A. find * file B. wc -l * < file

C. grep -n * file D. grep '^*' file

（7）在 ps 命令中，用来显示所有用户的进程的参数是（　　　）。

A. -a B. -b C. -u D. -x

（8）可以删除一个非空子目录 /tmp 的命令是（　　　）。

A. del /tmp/* B. rm -rf /tmp C. rm -Ra /tmp/* D. rm -rf /tmp/*

（9）对所有用户的变量设置，应当放在（　　　）文件下。

A. /etc/bashrc B. /etc/profile C. ~/.bash_profile D. /etc/skel/.bashrc

（10）在 vim 中退出且不保存的命令是（　　　）。

A. :q B. :w C. :wq D. :q!

（11）可以检测基本网络连接的命令是（　　　）。

A. ping B. route C. netstat D. ifconfig

（12）下面 4 个命令中，可以压缩部分文件的是（　　　）。

A. tar -dzvf filename.tgz * B. tar -tzvf filename.tgz *

C. tar -czvf filename.tgz * D. tar -xzvf filename.tgz *

（13）下面 4 个命令中，可以解压缩 .tar 文件的是（　　　）。

A. tar -czvf filename.tgz B. tar -xzvf filename.tgz

C. tar -tzvf filename.tgz D. tar -dzvf filename.tgz

（14）Linux 文件权限一共有 10 位长度，分成 4 段，第 3 段表示的内容为（　　　）。

A. 文件类型　　　　　　　　　　　　　　B. 文件所有者的权限

C. 文件所有者所在组的权限　　　　　　　D. 其他用户的权限

（15）删除文件的命令为（　　　）。

A. mkdir　　　　　　B. rmdir　　　　　　C. mv　　　　　　D. rm

（16）改变文件所有者的命令为（　　　）。

A. chmod　　　　　　B. touch　　　　　　C. chown　　　　　D. cat

（17）在给定文件中查找与设定条件相符的字符串的命令为（　　　）。

A. grep　　　　　　B. gzip　　　　　　C. find　　　　　　D. sort

（18）建立一个新文件时可以使用的命令为（　　　）。

A. chmod　　　　　　B. more　　　　　　C. cp　　　　　　D. touch

（19）在下列命令中，不能显示文本文件内容的命令是（　　　）。

A. more　　　　　　B. less　　　　　　C. tail　　　　　　D. join

（20）对 top 命令描述正确的是（　　　）。

A. 用于实时动态显示 Linux 进程的动态信息　　　　　　B. 查看进程详细情况

C. 查看进程名称　　　　　　　　　　　　　　　　　　D. 显示内存情况

（21）显示文件和目录由根目录开始的树形结构的命令为（　　　）。

A. tree　　　　　　B. ls　　　　　　C. pwd　　　　　　D. ln

2. 操作题（在 Ubuntu 20.04 系统的终端窗口中完成操作）

（1）在用户目录下创建以学号为名的目录，然后将用户目录列表（包括隐藏文件）保存到该目录下文件名为 filelist.txt 的文件中。

（2）在用户目录下创建一个名为 fruit 的文件，其中包含以下水果名称：orange、plum、mango 和 grapefruit，然后把该文件复制到操作题（1）创建的以学号为名的目录中，并将该文件重命名为 fruit1。

（3）把输入命令的历史记录保存到文件 history.txt 中，然后分别显示文件 history.txt 中的前 10 行和后 15 行。

（4）对操作题（3）中的文件 history.txt 的内容进行排序。

（5）复制操作题（3）中的文件 history.txt 到 history.txt.bak，编辑文件 history.txt，在文件最前面增加一行，内容为学号和姓名的拼音字母。

（6）把查询系统的磁盘空间大小的结果追加到文件 history.txt 中。

（7）查找文件 history.txt 中含有 cd 的行，把这些行添加到文件 cd_cmd.txt 中。

（8）在 Ubuntu 20.04 系统中使用 apt 方式安装 vim、zip、openssh-server 和 net-tools 包。

（9）使用 vim 编辑器把文件 history.txt 中前一半的行放到文件 history1.txt 中，后一半的行放到文件 history2.txt 中。

（10）把以上操作得到的文件和文件夹压缩为 .zip 格式的压缩文件。

（11）在用户目录下创建 py 文件夹，然后在系统中查找 .py 文件，并把这些 .py 文件复制到 py 文件夹中。

（12）给操作题（11）中 py 目录下的 .py 文件加上执行权限。

（13）把操作题（11）中的 py 目录压缩为 .tar.gz 格式的压缩文件，然后删除 py 目录。

（14）在 Ubuntu 20.04 系统中以 .whl 文件的方式安装 OpenCV 并测试其是否能够运行。

第 2 章
ROS 概述与环境设置

本章介绍 ROS 的相关概念，然后介绍怎样安装 ROS 以及如何使用 VSCode 搭建 ROS 集成开发环境。

▼ 2.1 了解 ROS

机器人是一种高度复杂的系统性实现，它涉及机械、电子、控制、通信和软件等诸多学科。开发一个机器人系统的要求很高，需要制作机械部件、设计电路、编写驱动程序、设计通信架构、组装集成、调试，以及编写各种感知、决策和控制算法，每一个任务都需要花费大量的时间。机器人体系复杂庞大，个人、组织甚至公司很难独立完成系统性的机器人研发工作。

因此，一种常用的策略是：让机器人研发者专注于自己擅长的领域，其他模块则直接复用相关领域更专业的研发团队的实现。这种基于复用的分工协作，可以大大提高机器人的研发效率。随着机器人的硬件越来越丰富，软件库越来越庞大，这种复用性和模块化的开发需求也更加强烈。机器人操作系统（Robot Operating System，ROS）正是在这样的背景下出现的。

2.1.1 ROS 的产生背景 ///

在 ROS 出现之前，很多学者认为，机器人研究需要一个开放式的协作框架。斯坦福大学在 2000 年开展了一系列人工智能和机器人研究项目，并在研究这些具有代表性的集成式人工智能系统的过程中，创立了可以用于机器人研究的、适用于室内场景的高灵活性动态软件系统。2007 年，一家名为柳树车库（Willow Garage）的机器人公司提供了大量资源，将斯坦福大学机器人项目中的软件系统进行了扩展与完善，发布了 ROS。ROS 是一套机器人通用软件框架，可以提升功能模块的复用性，在无数研究人员的共同努力下，ROS 的核心思想和基本软件包逐渐得到完善，如今 ROS 已经成为机器人领域的事实标准。

2.1.2 ROS 的概念 ///

ROS 是面向机器人的开源系统平台，它能够提供类似传统操作系统的诸多功能，如硬件抽象、底层设备控制、常用功能实现、进程间消息传递和程序包管理等。此外，它还提供了相关工具和软件库，用于获取、编译、编辑代码以及在多个计算机之间运行程序以完成分布式计算。ROS 是一个适用于机器人编程的框架，这个框架把原本松散的零部件耦合在了一起，为它们提供了通信架构。ROS 虽然被称为操作系统，但它并非是 Windows 和 Linux 那样通常意义上的操作系统，它只是连接了操作系统和开发的 ROS 应用程序，在基于 ROS 的应用程序之间建立起了沟通的桥梁，在这个环境中，机器人的感知、决策和控制算法可以更好地组织和运行。

ROS 在本质上可以从以下方面来理解：

1）ROS 是适用于机器人的开源元操作系统。

2）ROS 集成了大量的工具、库和协议，提供类似 OS 所提供的功能，简化对机器人的控制。

3）ROS 提供了用于在多台计算机上获取、构建、编写和运行代码的工具和库，在某些方面类似于"机器人框架"。

4）ROS 设计者将 ROS 表述为 "ROS = Plumbing + Tools + Capabilities + Ecosystem"，即 ROS 是通信机制、工具软件包、机器人高级技能以及机器人生态系统的集合体。

2.1.3 ROS 的特点 ///

机器人开发的分工思想，指导了不同研发团队间的共享和协作，提升了机器人的研发效率。为了服务于"分工"，ROS 主要设计了如下目标：

1）代码复用：ROS 的目标不是成为具有最多功能的框架，而是支持机器人技术研发中的代码复用。

2）分布式：ROS 是进程（也称为节点）的分布式框架，ROS 中的进程可分布于不同主机，不同主机协同工作，从而分散计算压力。

3）低耦合：ROS 中的功能模块封装于独立的功能包或元功能包中，便于分享，功能包内的模块以节点为单位运行，以 ROS 的标准 I/O 作为接口，开发者不需要关注模块内部的实现，只要了解接口规则就能实现复用，实现了模块间点对点的低耦合连接。

4）结构精简，集成度高：ROS 被设计得尽可能精简，以便为 ROS 编写的代码可以与其他机器人软件框架一起使用。ROS 利用了很多已经存在的开源项目的代码，例如它从 Player 项目中借鉴了驱动、运动控制和仿真方面的代码，从 OpenCV 中借鉴了视觉算法方面的代码，从 OpenRAVE 中借鉴了规划算法的内容，除此之外还有很多其他的项目。在 ROS 的官方网页上有着大量的开源软件库，这些软件使用 ROS 通用接口，从而避免了为集成它们而重新开发新的接口程序。

5）语言独立性：为了支持更多应用的开发和移植，ROS 被设计为一种语言弱相关的框架结构，其使用简洁、中立的定义语言描述模块间的消息接口，在编译中再产生所使用语言的目标文件，为消息交互提供支持，同时允许消息接口的嵌套使用。

6）易于测试：ROS 具有被称为 rostest 的内置单元 / 集成测试框架，可轻松安装和拆卸测试工具。

7）大型应用：ROS 适用于大型系统和大型开发流程。

8）丰富的组件化工具包：ROS 可采用组件化方式集成一些工具和软件到系统中，并将它们作为一个组件直接使用，如 RVIZ（3D 可视化工具），开发者可根据 ROS 定义的接口在其中显示机器人模型等，组件还包括仿真环境和消息查看工具等。

9）免费且开源：这使得 ROS 的开发者众多，功能包多。

2.1.4 ROS 的版本

目前 ROS 有 ROS1 和 ROS2 两个版本，本书基于 ROS1（以下简称 ROS）。ROS1 只支持在 Linux 操作系统上安装部署，其首选平台是 Ubuntu 系统。时至今日，ROS1 已经相继更新推出了多达 13 个版本，供不同的开发者使用。为了提供稳定的开发环境，ROS1 的每个版本都有一个推荐运行的 Ubuntu 系统版本。表 2-1 是最近的几个 ROS1 长期支持版。

表 2-1 ROS1 长期支持版

ROS 版本	发布时间	维护截止时间	Ubuntu 系统版本
Noetic	2020 年 5 月	2025 年 5 月	Ubuntu 20.04
Melodic	2018 年 5 月	2023 年 5 月	Ubuntu 18.04
Kinetic	2016 年 5 月	2021 年 4 月	Ubuntu 16.04

开发 ROS 软件包最常用的程序语言是 C++ 和 Python，在 Noetic 版本之前的版本默认使用的是 Python 2，Noetic 版本支持 Python 3。Noetic 版本也是最后一个官方 ROS1 版本，以后发布的 ROS 版本将基于 ROS2。在学习 ROS1 时，建议选择 Noetic 版本、Melodic 版本或 Kinetic 版本。

ROS1 节点间的数据传递通过内存复制，节点间的通信会耗费大量的系统资源，通信的实时性也不能得到保障。除此之外，ROS1 通过节点管理器（主节点）管理所有节点间的通信，如果主节点崩溃，将会导致整个 ROS 运行出错。为更好地适应工业应用环境，人们发展出了 ROS2 版本。

ROS2 在 ROS1 的基础上做了以下改进优化：一是 ROS2 引入了数据分发服务（DDS）通信协议，它能够以零复制的方式传递消息，节省了 CPU 和内存资源，同时增加了通信的实时性；二是 ROS2 采用托管启动，用户可以指定节点启动顺序；三是 ROS2 去掉了节点管理器，改进了 ROS1 对主节点高度依赖的缺点。

总体来说，ROS2 相较 ROS1 运行更可靠，持续性更好，更节省资源，消息传递的实时性更佳，因此 ROS2 更适合应用在工业生产环境中。未来 ROS2 将是主流，也将会被广泛应用于工厂的 AGV 作业机器人、智能立体仓库、送餐及快递等服务机器人、自动驾驶、机械手智能控制等领域。

目前，ROS2 仍处于快速发展中，应用范围在不断扩大。虽然大多数的使用场景仍然基于 ROS1，部分在 ROS1 上运行的重要应用也并未完全迁移到 ROS2，但是，ROS2 在迭代了几个版本后，其性能和应用生态已经相当成熟，不少企业已经开始从 ROS1 转入 ROS2。

最近的 ROS2 长期支持版本见表 2-2。

表 2-2　ROS2 长期支持版本

ROS2 版本	发布时间	维护截止时间	Ubuntu 系统版本
Jazzy Jalisco	2024 年 5 月	2029 年 11 月	Ubuntu 24.04
Humble Hawksbill	2022 年 5 月	2027 年 5 月	Ubuntu 22.04

2.2　安装 ROS

本书介绍的 ROS 版本是 Noetic，它基于 Ubuntu 20.04 系统。在学习 ROS 之前，需安装与之对应的 Ubuntu 20.04 系统。Ubuntu 20.04 系统的常用安装方式有两种：

1）在实体机上安装（较为常用的是双系统，即 Windows 系统与 Ubuntu 系统并存，开机时可选择启动其中一个系统），称为实体安装。

2）在 Windows 系统或 macOS 系统上使用虚拟机软件安装，称为虚拟安装。

两种方式各有优缺点：

1）实体安装的 ROS 运行性能较好，一般没有硬件兼容性的问题，但是和 Windows 系统或 macOS 系统交互不便。

2）虚拟安装的 ROS 可以方便地实现 Windows 系统或 macOS 系统与 Ubuntu 系统的交互，但是与硬件交互不便，且性能较差，特别是 Gazebo 等仿真操作在虚拟机中的运行效果比较差。

初学者选择虚拟安装的 ROS 是比较合适的，一是 Windows 系统或 macOS 系统与 Ubuntu 系统的交互方便，利于学习；二是如果因为误操作导致虚拟机系统不能正常运行时，重建环境也较为方便快捷，对于初学者更为友好。

本书主要介绍在 Windows 系统下使用虚拟机安装 ROS，使用的虚拟机软件为 VMware Workstation Player，该软件对非商业应用免费，同样可以免费使用的虚拟机软件还有 Oracle VM VirtualBox。

使用虚拟机安装 Ubuntu 20.04 系统，然后安装 ROS 的大致流程如下：

1）安装虚拟机软件 VMware Workstation Player。

2）使用虚拟机软件创建一台虚拟主机。

3）在虚拟机上安装 Ubuntu 20.04 系统。

4）在 Ubuntu 20.04 系统上安装 ROS。

5）测试 ROS 环境是否可以正常运行。

2.2.1　Windows 系统的虚拟机软件

Windows 系统的虚拟机软件主要有 VMware Workstation Player 和 Oracle VM VirtualBox。本节介绍如何在 Windows 系统中安装虚拟机软件。

1. VMware Workstation Player 的下载及安装

（1）下载 VMware Workstation Player

VMware 现在属于 Broadcom（博通）所有，个人用户在其官方网站注册后可以免费下载使用。打开 Broadcom 官方网站，单击页面右上方的 "Register" 按钮注册，如

图 2-1 所示。

图 2-1　Broadcom 官方网站

在注册时，需要使用有效的电子邮箱，然后按照流程输入信息，如图 2-2 所示，直到
注册成功。

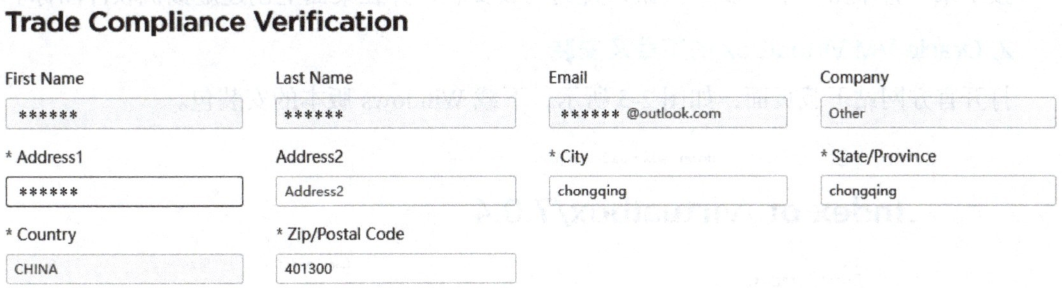

Trade Compliance Verification

First Name	Last Name	Email	Company
******	******	****** @outlook.com	Other

* Address1	Address2	* City	* State/Province
******	Address2	chongqing	chongqing

* Country	* Zip/Postal Code
CHINA	401300

图 2-2　注册

注册成功后，在跳转的页面左侧单击"My Downloads"按钮，然后在出现的软件列表
中单击"VMware Workstation Player"按钮，出现如图 2-3 所示界面，选择需要的版本下载
即可。

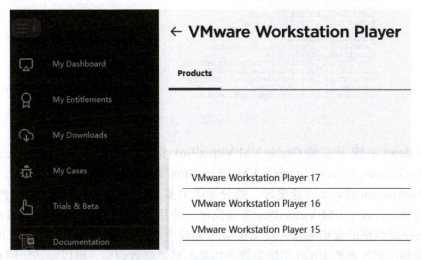

图 2-3　选择需要的版本下载

（2）安装 VMware Workstation Player

右击下载好的 **VMware-player** 安装程序，选择"以管理员身份运行"，如图 2-4 所示。

图 2-4　安装 VMware Workstation Player

接下来一直单击"下一步"按钮，直到完成安装，并在桌面上创建虚拟机软件图标。

2. Oracle VM VirtualBox 的下载及安装

打开官方网站下载页面，如图 2-5 所示，下载 Windows 版本的安装包。

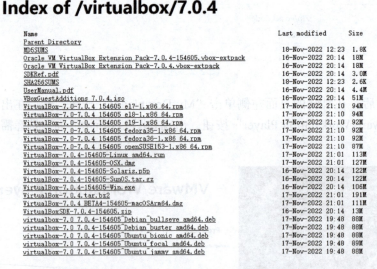

图 2-5　Oracle VM VirtualBox 官方网站下载页面

在 Windows 系统下安装 Oracle VM VirtualBox 非常容易，按照提示默认安装即可。VMware Workstation Player 与 Oracle VM VirtualBox 都是受欢迎的虚拟机软件，一般认为 VMware Workstation Player 性能更好，细分功能更多，它可以在商业服务器上使用，但商业使用需付费。Oracle VM VirtualBox 安装简单，使用方便，可以直接导入 VMware Workstation Player 虚拟机的虚拟磁盘。在 Windows 系统上安装 VMware Workstation Player 软件时，可能会提示需要调整 BIOS 系统参数，如果不熟悉参数调整，可以安装使用 Oracle VM VirtualBox。

2.2.2　macOS 系统的虚拟机软件

VMware Fusion 是运行在 macOS 系统上的虚拟机软件，在使用 macOS 系统的计算机上安装 VMware Fusion 时，需要把 macOS 系统升级到 10.15 版本以上。

1. 下载 VMware Fusion

打开 Broadcom 官方网站，登录后在页面左侧单击"My Downloads"按钮，然后在出现的软件列表中单击"VMware Fusion"，接下来在如图 2-6 所示的页面中选择合适的版本下载即可。

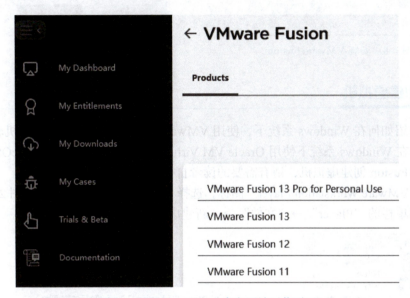

图 2-6　VMware Fusion 官方网站下载页面

2. 安装 VMware Fusion

右击下载好的 VMware Fusion 安装文件，选择"打开"，如图 2-7 所示。

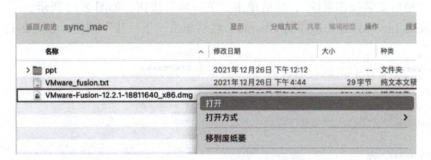

图 2-7　打开 VMware Fusion 安装文件

在 VMware Fusion 窗口中双击鼠标左键，如图 2-8 所示。

输入密码后开始安装过程，如图 2-9 所示，等待安装结束即可。

图 2-8　安装 VMware Fusion

图 2-9　输入密码

2.2.3　创建虚拟机

本节介绍如何在 Windows 系统下，使用 VMware Workstation Player 虚拟机软件创建虚拟机。对于在 Windows 系统下使用 Oracle VM VirtualBox 创建虚拟机和在 macOS 系统下使用 VMware Fusion 创建虚拟机，请有需要的读者自行尝试与练习。

右击 "VMware Workstation Player" 图标，选择 "以管理员身份运行"，如图 2-10 所示。

单击菜单栏的 "Player" → "文件" → "新建虚拟机"，如图 2-11 所示。

图 2-10　启动 VMware Workstation Player

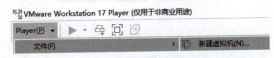

图 2-11　新建虚拟机

选中 "稍后安装操作系统"，然后单击 "下一步" 按钮，如图 2-12 所示。

选择安装 Linux 系统，版本为 Ubuntu，然后单击 "下一步" 按钮，如图 2-13 所示。

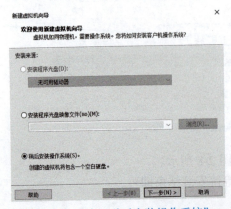

图 2-12　选中 "稍后安装操作系统"

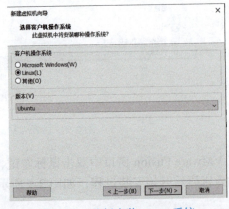

图 2-13　选择安装 Linux 系统

给新建的虚拟机命名，指定虚拟机在硬盘上的保存位置，然后单击"下一步"按钮，如图 2-14 所示。

设置虚拟机磁盘大小，选中"将虚拟磁盘拆分成多个文件"，单击"下一步"按钮，如图 2-15 所示。

图 2-14　指定虚拟机在硬盘上的保存位置

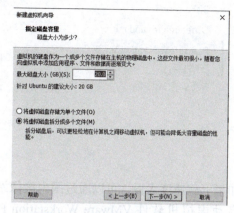

图 2-15　设置虚拟机磁盘大小

单击"完成"按钮，如图 2-16 所示。

图 2-16　完成虚拟机设置

2.2.4　虚拟机安装 Ubuntu

本节介绍如何在 Windows 系统使用 VMware Workstation Player 和在 macOS 系统使用 VMware Fusion 安装 Ubuntu 系统。为方便有需要的读者，本节也介绍了如何在 VirtualBox 虚拟机中导入 VMware 虚拟磁盘和在 macOS 系统中导入 VMware 虚拟机。

1. 使用 VMware Workstation Player 安装 Ubuntu 系统

打开 Ubuntu 网址，向下滚动页面，选择下载 Ubuntu 20.04 LTS 文件，如图 2-17 所示。

安装
Ubuntu20.04

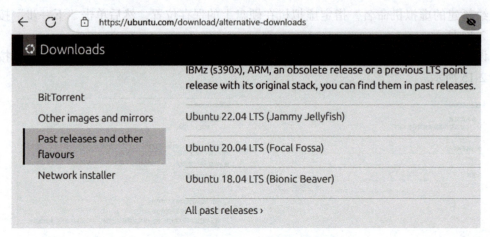

图 2-17　下载 Ubuntu 20.04 LTS 文件

如果下载速度太慢，可以通过国内镜像站点下载 ISO 文件。

启动虚拟机软件 VMware Workstation Player，进入前面创建好的虚拟机的设置界面，在虚拟机设置界面中把"CD/DVD（SATA）"设为下载的 Ubuntu ISO 镜像文件，如图 2-18 所示。

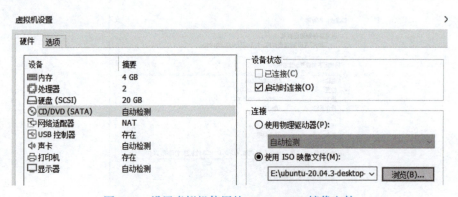

图 2-18　设置虚拟机使用的 Ubuntu ISO 镜像文件

选中前面建立的虚拟机，右击选择"开机"，启动虚拟机，如图 2-19 所示。

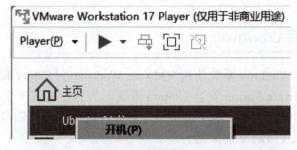

图 2-19　启动虚拟机

然后等待虚拟机启动，如图 2-20 所示。

进入安装界面后，如图 2-21 所示。

图 2-20 等待虚拟机启动　　　　　　　　　图 2-21 进入安装界面

为了加快安装过程，关闭虚拟机网络，如图 2-22 所示。

选择安装语言为中文，然后单击"安装 Ubuntu"按钮，如图 2-23 所示。

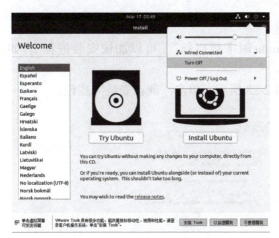

图 2-22 关闭虚拟机网络　　　　　　　　　图 2-23 选择安装语言为中文

在"键盘布局"界面，可能会出现如图 2-24 所示的"继续"按钮显示不全，用鼠标无法单击"继续"按钮的情况。

此时单击工具栏上的"进入全屏模式"按钮即可显示完整界面，如图 2-25 所示。如果上述操作仍不能显示出下方的"继续"按钮，可以按下 田 键（即 <Windows> 键）不放，然后在安装窗口的空白处按住左键向上拖动，直到按钮显示出来。如果这些操作都不能显示出按钮，就只能通过多次按下 <Tab> 键移动焦点来选择相应的按钮，然后按下 <Enter> 键继续安装过程。

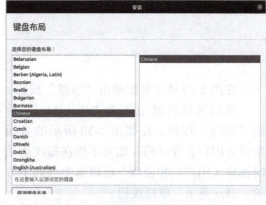

图 2-24 "继续"按钮显示不全

选择键盘布局后，单击"继续"按钮继续安装过程，如图 2-26 所示。

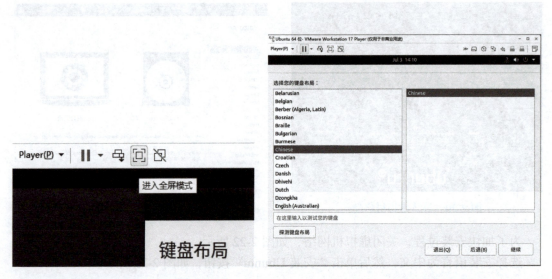

图 2-25　单击"进入全屏模式"按钮　　　　　图 2-26　单击"继续"按钮

选择"最小安装",取消选中"安装 Ubuntu 时下载更新"(可以加快安装进程),如图 2-27 所示,单击"继续"按钮。

在"安装类型"界面保持默认选项,如图 2-28 所示,单击"现在安装"按钮。

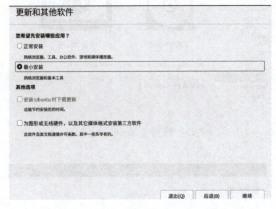

图 2-27　选择"最小安装"

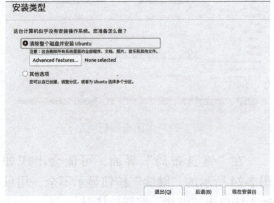

图 2-28　"安装类型"界面

在图 2-29 所示界面单击"继续"按钮。

然后选择所处地区为"Shanghai",单击"继续"按钮。在如图 2-30 所示的界面中设置用户名和密码。如果不想在每次启动时都输入用户名和密码,可以选中界面下方的"自动登录"单选按钮。

单击"继续"按钮,完成设置,开始安装进程,如图 2-31 所示。

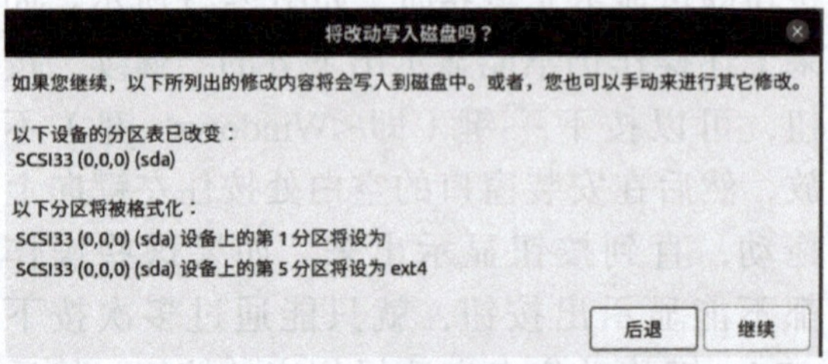

图 2-29　设置 Ubuntu 分区

图 2-30　设置用户名和密码

图 2-31　开始安装进程

安装完毕后，会给出重启提示，单击"现在重启"按钮，如图 2-32 所示（如果觉得鼠标不受控制，可同时按下 <Ctrl+Alt> 键）。

再单击工具栏上的"运行控制"按钮，选择"关闭客户机"，如图 2-33 所示。

重新打开虚拟机软件 VMware Workstation Player，但此时不要急着启动虚拟机。选中虚拟机，在右键菜单中选择"设置"，如图 2-34 所示。

图 2-32　安装完毕

图 2-33　关闭客户机

图 2-34　进入"虚拟机设置"界面

在"虚拟机设置"界面中把"CD/DVD（SATA）"设置为"使用物理驱动器"，如图 2-35 所示。

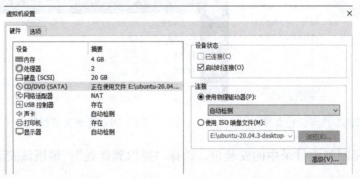

图 2-35　设置为"使用物理驱动器"

至此，即完成了在 VMware 虚拟机中安装 Ubuntu 系统的全部步骤，此时就可以使用安装好 Ubuntu 系统的虚拟机了。

2. 优化 VMware 虚拟机设置

（1）双向复制 / 粘贴文本（文件）

为方便 Ubuntu 系统（简称虚拟机）与 Windows 系统（简称实体机）之间的数据交换和支持虚拟机启动后自动调整分辨率，需要在虚拟机中安装 VMware Tools（虚拟机工具）。启动虚拟机后，单击菜单栏中的"Player"→"管理"→"安装 VMware Tools"，在虚拟机中加载 VMware Tools 虚拟光盘，如图 2-36 所示。

安装虚拟机工具

在虚拟机中单击左侧的"文件"按钮，可看到下方的 VMware Tools 虚拟光盘。单击 VMware Tools 虚拟光盘后，可显示该虚拟光盘中的文件，如图 2-37 所示。

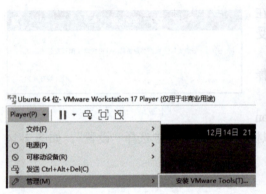

图 2-36　安装 VMware Tools　　　　图 2-37　VMware Tools 虚拟光盘中的文件

右击图 2-38 所示的虚拟机工具安装包文件，选择"复制到 ..."

单击"主目录"，然后单击右侧上方的"选择"按钮，把安装包复制到主目录（/home/ros），如图 2-39 所示。

图 2-38　虚拟机工具安装包文件　　　　图 2-39　复制安装包到主目录

右击刚才复制到主目录中的安装包，选择"提取到此处"，解压该安装包，如图 2-40 所示。

解压后得到如图 2-41 所示的文件夹。

图 2-40　解压安装包

图 2-41　解压后得到的文件夹

双击解压后得到的文件夹，进入如图 2-42 所示的界面，在空白处单击右键，选择"在终端打开"，启动 Ubuntu 系统的终端窗口。

在终端窗口中输入"sudo ./vm"，然后按 <Tab> 键补全，如图 2-43 所示。

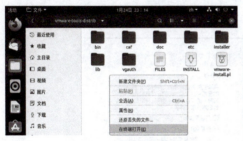

图 2-42　启动终端窗口 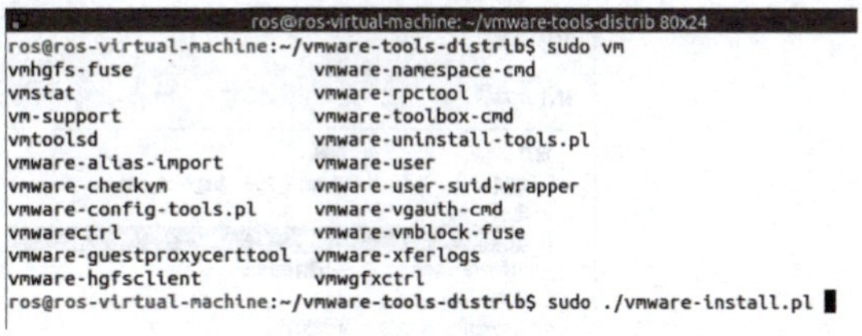　　　　　　　　　　　图 2-43　在终端窗口中输入命令

按下 <Enter> 键，输入密码，然后持续按下 <Enter> 键，开始安装 VMware Tools，直至完成，如图 2-44 所示。

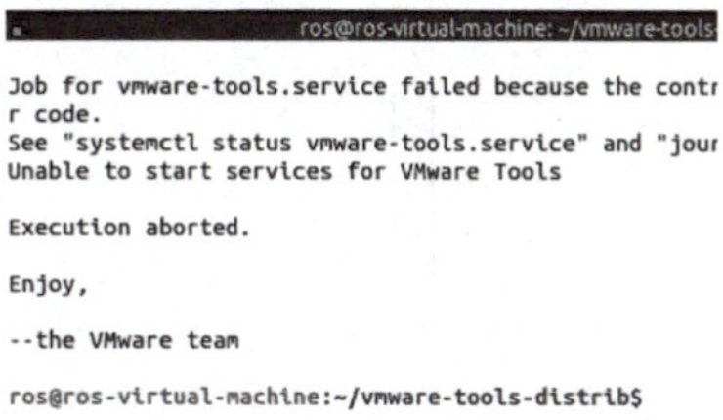

如果在安装 VMware Tools 后，从实体机复制文件到虚拟机仍不成功，可打开终端窗口，依次运行下列命令：

```
Job for vmware-tools.service failed because the contr
r code.
See "systemctl status vmware-tools.service" and "jour
Unable to start services for VMware Tools

Execution aborted.

Enjoy,

--the VMware team

ros@ros-virtual-machine:~/vmware-tools-distrib$
```

图 2-44　安装 VMware Tools

```
sudo apt update
sudo apt install -f
sudo apt install open-vm-tools-desktop
```

上述命令会先更新包索引，然后修复包依赖，最后安装 VMware Tools，完成后重启 Ubuntu 系统即可。

（2）使用共享文件夹

如果在安装 VMware Tools 后，还是不能在虚拟机和实体机之间复制 / 粘贴文本（文件），可以启用共享文件夹来实现虚拟机和实体机之间的文件共享。具体步骤如下：单击菜单栏中的"Player"→"管理"→"虚拟机设置"，在"虚拟机设置"窗口中选中"选项"页，然后单击选择"共享文件夹"，在右侧选中"总是启用"，接着单击"添加 ..."按钮，弹出"添加共享文件夹向导"对话框，单击"下一步"按钮，如图 2-45 所示，按照提示设置共享文件夹即可，最后单击"确定"按钮完成设置。

如图 2-46 所示，设置 D：\share 为虚拟机与实体机的共享文件夹。

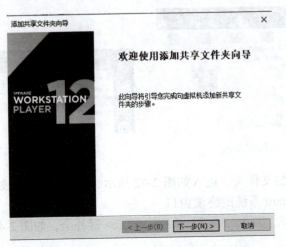

图 2-45　"添加共享文件夹向导"对话框

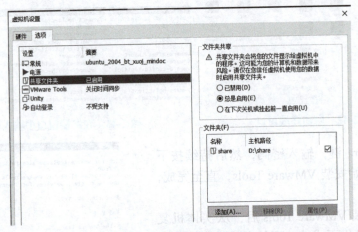

图 2-46　设置共享文件夹

实体机上的共享文件夹 D：\share，在虚拟机中被挂载到 /mnt/hgfs/ 目录下，如图 2-47 所示。共享文件夹中的文件，虚拟机和实体机都可以访问。

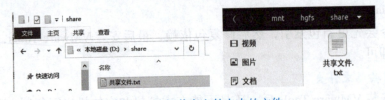

图 2-47　访问共享文件夹中的文件

（3）启用虚拟化支持

启用虚拟化支持主要是为了提升虚拟机运行时的响应速度。启动 VMware Workstation Player，选中虚拟机，单击鼠标右键，在菜单中选择"设置"，进入"虚拟机设置"界面，选中"处理器"，在右侧的"虚拟化引擎"选项组选中"虚拟化 Intel VT-x/EPT 或 AMD-V/RVI（V）"，如图 2-48 所示。

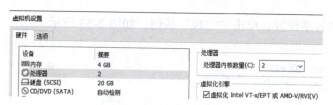

图 2-48　启用虚拟化支持

3. 使用 VMware Fusion 安装 Ubuntu 系统

打开"应用程序"，双击"VMware Fusion"图标，启动虚拟机软件，如图 2-49 所示。

图 2-49　启动 VMware Fusion

单击菜单栏中的"+"→"新建"，创建虚拟机，如图 2-50 所示。

拖入下载好的 Ubuntu ISO 镜像文件，单击"继续"按钮，如图 2-51 所示。

输入用户名和密码，单击"继续"按钮，如图 2-52 所示。

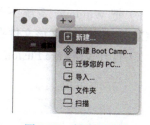

图 2-50　创建虚拟机

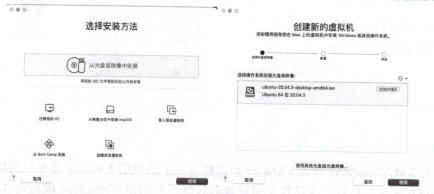

图 2-51　拖入 Ubuntu ISO 镜像文件

确认虚拟机的各项设置，单击"完成"按钮，如图 2-53 所示。

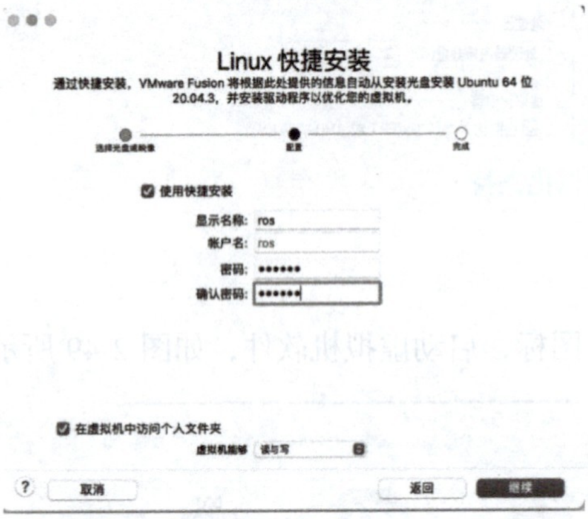

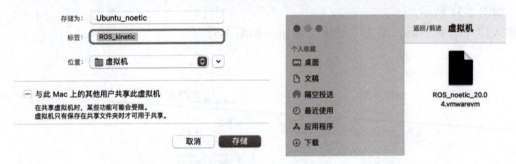

图 2-52　输入用户名和密码 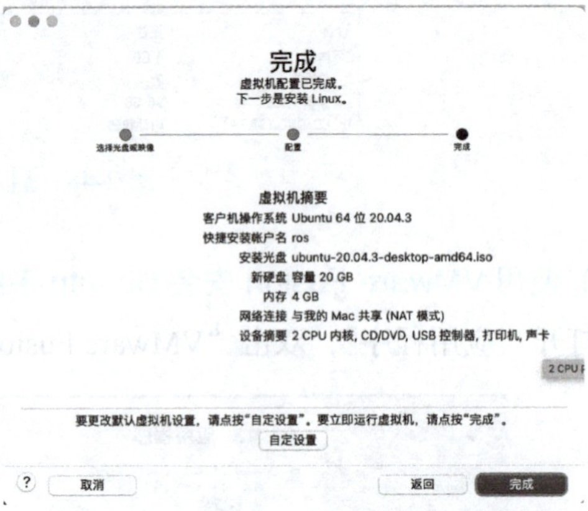　　　　　　图 2-53　确认虚拟机的各项设置

设置虚拟机的标签和保存位置，单击"存储"按钮，开始安装 Ubuntu 系统，如图 2-54 所示。后面的安装过程与在 VMware Workstation Player 中的安装过程基本一致，这里不再赘述。

4. 在 macOS 系统中导入 Windows 虚拟机

Windows 系统下已安装好操作系统的 VMware 虚拟机是以文件的形式保存在文件夹中的，macOS 系统下的 VMware 虚拟机是以 .vmwarevm 为扩展名的文件。可以把在 Windows 系统中已经安装并设置好的 VMware 虚拟机导入 macOS 系统，无需在 macOS 系统中重复安装。Windows 系统下的 VMware 虚拟机导入 macOS 系统的操作步骤如下：

1）把 Windows 系统下的整个 VMware 虚拟机文件夹复制到 macOS 系统，然后在 macOS 系统中重命名该文件夹，在原来的名称后面加上扩展名 .vmwarevm。

2）打开 VMware Fusion，直接把刚才重命名过的文件夹拖入即可，如图 2-55 所示。

图 2-54　设置虚拟机的标签和保存位置　　图 2-55　在 macOS 系统中导入 Windows 虚拟机

5. Oracle VM VirtualBox 导入 VMware 虚拟机

Oracle VM VirtualBox 导入 VMware 虚拟机本质上是使用 VMware 虚拟机的虚拟磁盘。创建 VirtualBox 虚拟机后，在设置虚拟磁盘的时候不要创建 VirtualBox 虚拟磁盘，而是选择使用 VMware 虚拟机的虚拟磁盘。因此在这之前要清楚 VMware 虚拟机的虚拟磁盘（文

件的扩展名为 .vmdk）存放路径，如图 2-56 所示。

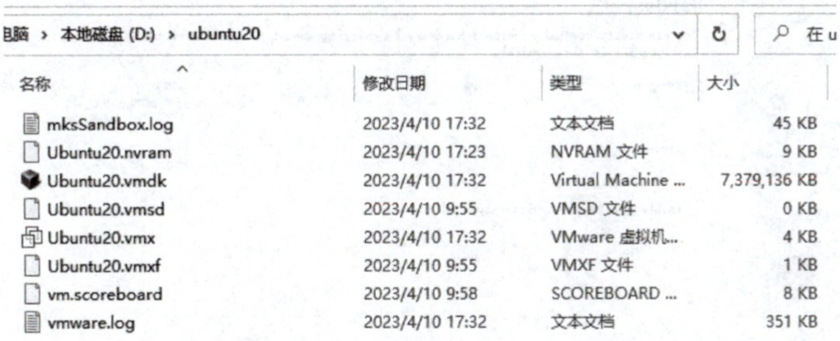

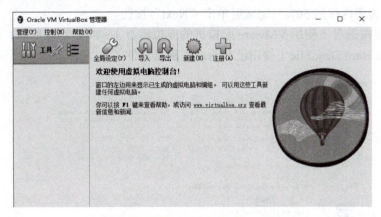

图 2-56　VMware 虚拟机的虚拟磁盘存放路径

具体步骤如下：

1）启动 Oracle VM VirtualBox，如图 2-57 所示。

图 2-57　启动 Oracle VM VirtualBox

2）单击"新建"按钮，然后按图 2-58 所示设置好虚拟机名称和保存的文件夹后，单击"Next"按钮。

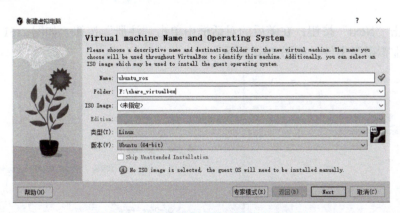

图 2-58　设置虚拟机名称和保存的文件夹

3）设置内存大小和 CPU，如图 2-59 所示。

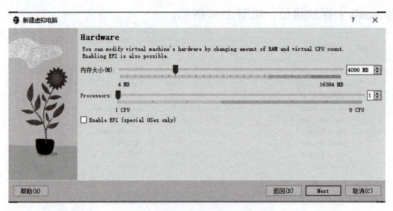

图 2-59　设置内存大小和 CPU

处理器的核心数量和内存大小应根据实际情况设置，不要太大，一般不超过计算机实际核心数量和物理内存的 50%，完成后单击 "Next" 按钮。

4）指定虚拟磁盘（使用 VMware 虚拟机的虚拟磁盘），如图 2-60 所示，选中 "Use an Existing Virtual Hard Disk File（使用已有的虚拟磁盘文件）"。

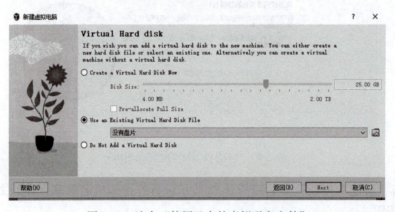

图 2-60　选中 "使用已有的虚拟磁盘文件"

然后单击 "Next" 按钮，在随后的对话框中单击 "注册" 按钮，如图 2-61 所示，然后指定已有的虚拟磁盘文件，如图 2-62 所示。

图 2-61　单击 "注册" 按钮

图 2-62　指定已有的虚拟磁盘文件

单击"Choose"按钮，确认所选的虚拟磁盘文件，如图 2-63 所示。

图 2-63　确认所选的虚拟磁盘文件

5）完成设置。加载虚拟磁盘，如图 2-64 所示。

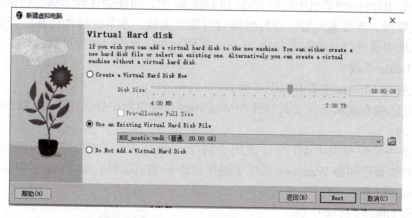

图 2-64　加载虚拟磁盘

然后单击"Finish"按钮完成设置，如图 2-65 所示。

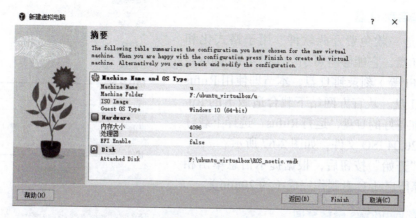

图 2-65　完成设置

单击"启动"按钮，启动 VirtualBox 虚拟机，如图 2-66 所示。

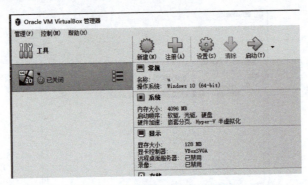

图 2-66　启动 VirtualBox 虚拟机

2.2.5　双系统安装 Ubuntu

在安装好 ROS 的虚拟机中运行 RViz 和 Gazebo 时，可能会比较卡顿，在做仿真导航操作时响应比较慢，连接激光雷达等传感器时可能会无效。本节介绍如何在已安装 Windows 系统的计算机中通过双系统方式安装 Ubuntu 系统，在计算机启动时可以选择进入 Windows 系统或是 Ubuntu 系统。

双系统安装 Ubuntu 主要有以下步骤：

1）通过压缩卷或第三方工具软件在 Windows 系统磁盘中分出用于安装 Ubuntu 系统的空闲磁盘空间。

2）准备一个容量大于 4G 的 U 盘用于制作 Ubuntu 安装启动 U 盘，同时准备 Ubuntu 20.04 系统安装镜像和在 Windows 系统下制作启动 U 盘的软件，如 Rufus、Win32 Disk Imager 和 ULtraISO 等。

3）制作 Ubuntu 启动 U 盘。

4）启动计算机，使用 U 盘在分出的空闲磁盘空间中安装 Ubuntu 系统。

1. 制作启动 U 盘

Rufus 是一款免费开源软件，用于格式化和创建启动 U 盘，它能够将可引导 ISO（Windows、Linux、UEFI 等）刻录到 U 盘，本节即使用 Rufus 创建启动 U 盘。从官方网站下载合适版本的 Rufus，插入准备好的 U 盘，运行 Rufus，选择下载好的 Ubuntu 20.04 ISO 文件，如图 2-67 所示。

单击"开始"按钮后，根据提示信息单击相应按钮，等待启动 U 盘制作完成（约 20min）。

2. 调整 Windows 磁盘空间

右击 Windows 系统桌面上的"此电脑"图标，

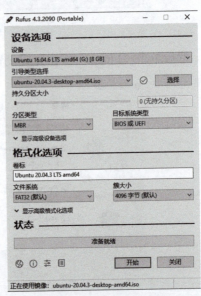

图 2-67　制作启动 U 盘

选择"管理",在出现的"计算机管理"窗口中单击"磁盘管理",如图 2-68 所示。

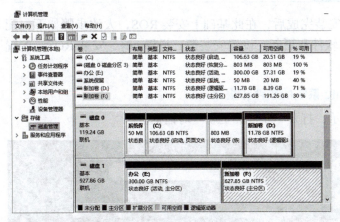

图 2-68 "计算机管理"窗口

选择空闲空间较大的磁盘上的最后一个分区,右击该磁盘,选择"压缩卷",如图 2-69 所示。

在弹出的对话框中设置"输入压缩空间量"为 51200,如图 2-70 所示。

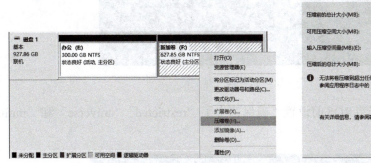

图 2-69 压缩卷

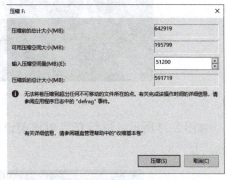

图 2-70 设置"输入压缩空间量"

单击"压缩"按钮后,会出现一个大小为 50G 的未分配磁盘空间,如图 2-71 所示。

图 2-71 未分配磁盘空间

3. 使用启动 U 盘安装 Ubuntu 系统

重启计算机,设置启动 U 盘为第一启动项,把 Ubuntu 系统安装到之前分出的未分配磁盘空间中。具体安装步骤与在虚拟机中安装基本相同,这里不再赘述。安装过程结束后拔掉启动 U 盘,重启计算机即可以选择启动 Windows 系统还是 Ubuntu 系统。

2.2.6　安装 ROS

　　Ubuntu 系统安装完成后，在此基础上安装 ROS，大致步骤如下：配置 Ubuntu 系统的软件和更新、设置安装源、设置 key、安装 ROS、配置环境变量。

安装
ROS（noetic）

1. 配置 Ubuntu 系统的软件和更新

　　如图 2-72 所示，打开"软件和更新"对话框。

图 2-72　打开"软件和更新"对话框

　　如图 2-73 所示，进行安装 ROS 前设置（确保选中了"restricted""universe"和"multiverse"）。

图 2-73　安装 ROS 前设置

2. 设置安装源

设置官方默认安装源：

```
sudo sh -c'echo "deb http://packages.ros.org/ros/ubuntu $(lsb_release -sc) main" > /etc/apt/sources.list.d/ros-latest.list'
```

或使用清华大学的安装源：

```
sudo sh -c'. /etc/lsb-release && echo "deb
http://mirrors.tuna.tsinghua.edu.cn/ros/ubuntu/ `lsb_release -cs` main" > /etc/apt/sources.list.d/ros-latest.list'
```

也可以使用中国科学技术大学的安装源：

```
sudo sh -c'. /etc/lsb-release && echo "deb http://mirrors.ustc.edu.cn/ros/ubuntu/ `lsb_release -cs` main" > /etc/apt/sources.list.d/ros-latest.list'
```

一般情况下，使用清华大学的安装源，安装速度更快。这一步和下一步“设置 key”所涉及的命令最好采用复制 / 粘贴的方式在虚拟机中执行，以免输入字符错误。

3. 设置 key

设置 key，如图 2-74 所示，命令如下：

```
sudo apt-key adv --keyserver'hkp://keyserver.ubuntu.com:80' --recv-key C1CF6E31E6BADE8868B172B4F42ED6FBAB17C654
```

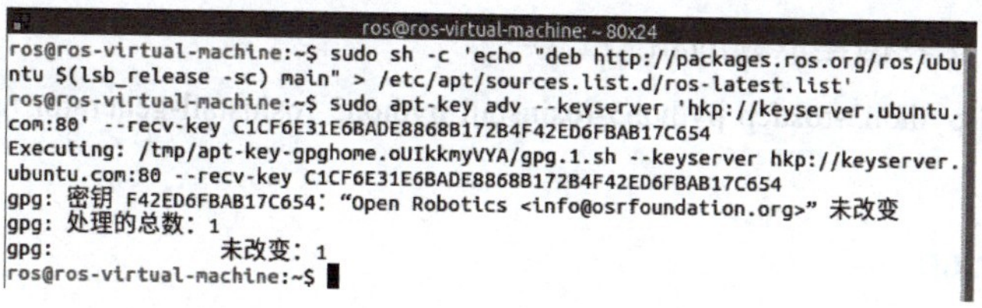

```
ros@ros-virtual-machine: ~ 80x24
ros@ros-virtual-machine:~$ sudo sh -c 'echo "deb http://packages.ros.org/ros/ubuntu $(lsb_release -sc) main" > /etc/apt/sources.list.d/ros-latest.list'
ros@ros-virtual-machine:~$ sudo apt-key adv --keyserver 'hkp://keyserver.ubuntu.com:80' --recv-key C1CF6E31E6BADE8868B172B4F42ED6FBAB17C654
Executing: /tmp/apt-key-gpghome.oUIkkmyVYA/gpg.1.sh --keyserver hkp://keyserver.ubuntu.com:80 --recv-key C1CF6E31E6BADE8868B172B4F42ED6FBAB17C654
gpg: 密钥 F42ED6FBAB17C654：“Open Robotics <info@osrfoundation.org>” 未改变
gpg: 处理的总数：1
gpg:              未改变：1
ros@ros-virtual-machine:~$
```

图 2-74　设置 key

4. 安装 ROS（Noetic）

首先需要更新 apt（apt 是 Ubuntu 20.04 系统用于从互联网仓库搜索、安装、升级、卸载软件或操作系统的工具），下面的命令在执行后会更新软件包和索引。

```
sudo apt update  && sudo apt upgrade
```

ROS 提供了 4 种安装方式，分别是桌面完整版安装、桌面版安装、基础版安装和单独软件包安装。推荐安装桌面完整版（包含 ROS、rqt、RViz、通用机器人函数库、2D/3D 仿真器、导航以及 2D/3D 感知功能），输入下列命令安装 ROS 桌面完整版，如图 2-75 所示：

```
sudo apt install ros-noetic-desktop-full
```

这步操作比较耗时，安装时可能需要几十分钟或数小时。由于网络原因，安装过程可能会失败，可以多次重复调用上述安装命令，直至成功。

5. 配置环境变量

设置环境变量文件 ~/.bashrc，以便在终端中运行 ROS 命令和程序：

```
ros@ros-virtual-machine: ~ 80x24
ros@ros-virtual-machine:~$ sudo apt install ros-noetic-desktop-full
正在读取软件包列表... 完成
正在分析软件包的依赖关系树
正在读取状态信息... 完成
下列软件包是自动安装的并且现在不需要了:
  gstreamer1.0-gtk3 libabw-0.1-1 libcdr-0.1-1 libclucene-contribs1v5
  libclucene-core1v5 libcmis-0.5-5v5 libcolamd2 libe-book-0.1-1 libeot0
  libepubgen-0.1-1 libetonyek-0.1-1 libexttextcat-2.0-0 libexttextcat-data
  libfreehand-0.1-1 libgpgmepp6 libjuh-java libjurt-java liblangtag-common
  liblangtag1 libmhash2 libmspub-0.1-1 libmwaw-0.3-3 libmythes-1.2-0
  libneon27-gnutls libodfgen-0.1-1 liborcus-0.15-0 libpagemaker-0.0-0
  libraptor2-0 librasqal3 librdf0 librevenge-0.0-0 libridl-java
  libsuitesparseconfig5 libuno-cppu3 libuno-cppuhelpergcc3-3
  libuno-purpenvhelpergcc3-3 libuno-sal3 libuno-salhelpergcc3-3
  libunoloader-java libvisio-0.1-1 libwpd-0.10-10 libwpg-0.3-3 libwps-0.4-4
  libxmlsec1 libxmlsec1-nss libyajl2 lp-solve uno-libs-private ure
使用'sudo apt autoremove'来卸载它(它们)。
下列软件包将被升级:
  ros-noetic-desktop-full
升级了 1 个软件包，新安装了 0 个软件包，要卸载 0 个软件包，有 427 个软件包未被升
级。
需要下载 1,828 B 的归档。
解压缩后会消耗 0 B 的额外空间。
获取:1 http://packages.ros.org/ros/ubuntu focal/main amd64 ros-noetic-desktop-fu
```

图 2-75　安装 ROS 桌面完整版

```
echo "source /opt/ros/noetic/setup.bash" >> ~/.bashrc
source ~/.bashrc
```

这一步操作把刷新系统环境变量的命令“source /opt/ros/noetic/setup.bash”添加到用户目录下的环境变量文件 ~/.bashrc 中，使得每次打开一个新的终端时，ROS 的环境变量都能够自动配置好。

6. 安装构建依赖的相关工具

输入如下命令安装构建依赖的相关工具：

```
sudo apt install python3-rosdep python3-rosinstall python3-rosinstall-generator python3-wstool build-essential
```

7. 初始化 rosdep

输入如下命令初始化 rosdep：

```
sudo rosdep init
rosdep update
```

如果一切顺利的话，rosdep 初始化与更新的输出结果如图 2-76 所示。

```
ros@ros-virtual-machine: ~ 80x29
ros@ros-virtual-machine:~$ rosdep update
reading in sources list data from /etc/ros/rosdep/sources.list.d
Hit file:///opt/ros/rosdistro/master/rosdep/osx-homebrew.yaml
Hit file:///opt/ros/rosdistro/master/rosdep/base.yaml
Hit file:///opt/ros/rosdistro/master/rosdep/python.yaml
Hit file:///opt/ros/rosdistro/master/rosdep/ruby.yaml
Hit file:///opt/ros/rosdistro/master/releases/fuerte.yaml
Query rosdistro index file:///opt/ros/rosdistro/master/index-v4.yaml
Skip end-of-life distro "ardent"
Skip end-of-life distro "bouncy"
Skip end-of-life distro "crystal"
Skip end-of-life distro "dashing"
Skip end-of-life distro "eloquent"
Add distro "foxy"
Add distro "galactic"
Skip end-of-life distro "groovy"
Skip end-of-life distro "hydro"
Skip end-of-life distro "indigo"
Skip end-of-life distro "jade"
Skip end-of-life distro "kinetic"
Skip end-of-life distro "lunar"
Add distro "melodic"
Add distro "noetic"
Add distro "rolling"
updated cache in /home/ros/.ros/rosdep/sources.cache
ros@ros-virtual-machine:~$
```

图 2-76　rosdep 初始化与更新的输出结果

2.2.7 测试 ROS

打开 Ubuntu 系统的终端窗口（快捷键为 <Ctrl+Alt+T>），启动 ROS，运行 roscore：

```
roscore
```

如果出现图 2-77 所示的内容，那么说明 ROS 已正常启动。

再次打开一个终端窗口，输入：

```
rosrun turtlesim turtlesim_node
```

可以看到一只海龟出现在屏幕上，如图 2-78 所示。

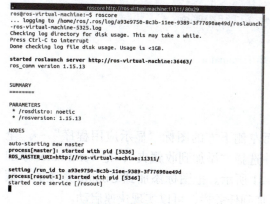

图 2-77 运行 roscore

图 2-78 启动海龟示例 turtlesim

第三次打开一个新的终端窗口，输入：

```
rosrun turtlesim turtle_teleop_key
```

单击第三个终端窗口，使其处于被选中状态。然后按动键盘上的方向键移动海龟，如果海龟正常移动，并且在屏幕上留下移动轨迹，说明 ROS 已经安装、配置完成并且运行成功，如图 2-79 所示。

▼ 2.3 搭建 ROS 集成开发环境

在 ROS 中，虽然只需要文本编辑器就可以编写基本的 ROS 程序，但是为了提高开发效率，通常会安装效率提升工具和集成开发环境以便提高程序编写和调试效率。

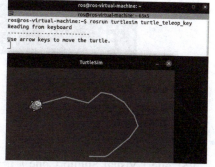

图 2-79 用方向键控制海龟移动

2.3.1 安装 Terminator

在 ROS 中，需要频繁使用终端窗口，有时候还需要同时开启多个窗口，但是系统自带的终端窗口难以满足上述应用场景，推荐安装分屏终端 Terminator，以便实现水平或竖直分屏，如图 2-80 示。

图 2-80　分屏终端 Terminator

安装分屏终端 Terminator 的命令如下：

```
sudo apt install terminator
```

Terminator 安装完成后，单击 Ubuntu 界面左侧下方的图标"显示应用程序"→"全部"，找到 Terminator 图标，用鼠标右键单击并选择"添加到收藏夹"，把 Terminator 添加到左侧的收藏夹，以便快速单击启动，如图 2-81 所示。把图标添加到 Ubuntu 系统的收藏夹相当于把 Windows 系统中的应用程序图标添加到任务栏，可以实现快速启动。

图 2-81　添加 Terminator 到收藏夹

2.3.2　安装 VSCode

VSCode（Visual Studio Code）是微软公司出品的轻量级代码编辑器，它支持几乎所有主流程序语言的语法高亮、智能代码补全、自定义热键、括号匹配、代码片段、代码对比和 GIT 等特性，也支持插件扩展，并针对网页开发和云端应用开发做了优化。VSCode 可以跨平台支持 Windows、macOS 以及 Linux 系统。本书的 ROS 程序在 VSCode 环境下编写。

安装 VSCode

1. 下载软件

打开 VSCode 下载页面，如图 2-82 所示。

图 2-82　VSCode 下载页面

单击对应操作系统的下载链接即可下载 VSCode，本书使用 .deb、x64 版本，如图 2-83
所示。

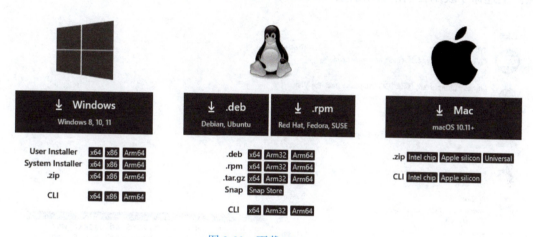

图 2-83　下载 VSCode

2. 安装与卸载

（1）安装

适合 Ubuntu 系统的 VSCode 版本的扩展名为 .deb，在安装文件下载完成后可双击安装
或单击鼠标右键选择"安装"，也可以在安装文件所在目录打开终端窗口，输入如下命令：
sudo dpkg -i code_xxx.deb 安装 VSCode，如图 2-84 所示。需要注意的是，命令中的"xxx"
请以实际下载的文件名为准。

```
ros@ros-virtual-machine:~/下载$ ls
code_1.62.2-1636665017_amd64.deb
ros@ros-virtual-machine:~/下载$ sudo dpkg -i code_1.62.2-1636665017_amd64.deb
[sudo] ros 的密码：
正在选中未选择的软件包 code。
（正在读取数据库 ... 系统当前共安装有 268582 个文件和目录。）
准备解压 code_1.62.2-1636665017_amd64.deb ...
正在解压 code (1.62.2-1636665017) ...
正在设置 code (1.62.2-1636665017) ...
正在处理用于 gnome-menus (3.36.0-1ubuntu1) 的触发器 ...
正在处理用于 desktop-file-utils (0.24-1ubuntu3) 的触发器 ...
正在处理用于 mime-support (3.64ubuntu1) 的触发器 ...
正在处理用于 shared-mime-info (1.15-1) 的触发器 ...
ros@ros-virtual-machine:~/下载$
```

图 2-84　安装 VSCode

（2）卸载

在 Ubuntu 系统中使用带参数 --purge 的 dpkg 命令即可卸载 VSCode。

```
sudo dpkg --purge  code
```

3. 安装插件

使用 VSCode 开发 ROS 程序时，需要先安装以下 5 个必要插件来提高开发效率：C/C++、Chinese（Simplified）Language Pack for Visual Studio Code、CMake Tools、Python 和 ROS，如图 2-85 所示。这些插件是使用 C++ 或 Python 编写、编译 ROS 程序的必备工具，Chinese（Simplified）Language Pack for Visual Studio Code 是中文语言包。

打开终端窗口，进入用户目录，然后输入命令"code ."，注意"code"后面有空格和点。上述命令表示在当前目录启动 VSCode，如图 2-86 所示。

图 2-85　安装插件

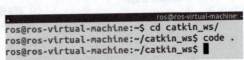

图 2-86　在当前目录启动 VSCode

默认情况下，运行 VSCode 的目录将成为其工作目录。如果 VSCode 是第一次在这个目录启动，会询问用户当前目录是否可信，如图 2-87 所示。

启动 VSCode 后，单击左侧的扩展图标，然后在搜索框里输入要安装的插件的名称，VSCode 会把匹配到的插件显示出来，此时只需单击"Install"按钮安装即可。

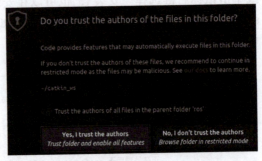

图 2-87　询问用户当前目录是否可信

▼ 本章小结

本章介绍了 ROS 的起源、发展、设计目标和版本等，介绍了在 Windows 和 macOS 系统下的虚拟机软件基本用法，详细介绍了虚拟机安装 Ubuntu 系统的步骤，然后在 Ubuntu 系统中安装了 ROS（Noetic 版本），最后介绍了如何使用 VSCode 搭建 ROS 的集成开发环境。

习题

1. 选择题

（1）机器人操作系统的全称是（　　　）。

A. React Operating System　　　　　　　　B. Router Operating System

C. Request of Service　　　　　　　　　　D. Robot Operating System

（2）ROS 的 Noetic 版本最佳适配的 Linux 版本是（　　　）。

A. CentOS 7　　　　B. Ubuntu 20.04　　　　C. Ubuntu 16.04　　　　D. Ubuntu 18.04

（3）下列哪个不是 ROS 的特点？（　　　）

A. 开源　　　　　　B. 分布式架构　　　　C. 强实时性　　　　　D. 模块化

（4）ROS 官方二进制包可以通过以下哪个命令安装（假定使用 Noetic 版本，package-name 为需要安装的 ROS 软件包包名）？（　　　）

A. sudo apt-get install ROS_noetic_packagename

B. sudo apt-get install ROS-noeticpackagename

C. sudo apt-get install ros_noetic_packagename

D. sudo apt-get install rosnoetic-packagename

（5）ROS 最早诞生于哪所学校的实验室？（　　　）

A. 麻省理工学院　　　　　　　　　　　　B. 斯坦福大学

C. 加利福尼亚大学伯克利分校　　　　　　D. 卡内基梅隆大学

（6）下列哪些是 ROS 的发行版本？（　　　）

A. Indigo　　　　　　B. Noetic　　　　　　C. Melodic　　　　　　D. Kinetic

2. 问答题

（1）什么是 ROS？它有什么特点？

（2）简述如何安装设置 ROS 环境。

3. 操作题

（1）使用虚拟机方式安装 Ubuntu 20.04 系统。

（2）使用双系统方式安装 Ubuntu 20.04 系统。

（3）在 Ubuntu 系统中安装 ROS（Noetic 版本）。

（4）在 Ubuntu 系统中使用 apt 安装 terminator、tree、zip、vim 和 opencv-python 包。

（5）在 Ubuntu 系统中使用源码编译方式安装 OpenCV。

（6）在 Ubuntu 系统中使用 deb 方式安装 VSCode。

第3章
ROS 系统架构

ROS 系统架构即 ROS 的文件系统结构。要进行 ROS 开发，首先要认识了解其组织架构，从根本上熟悉 ROS 的组织形式，了解各个部分的功能和作用，才能正确进行相关的开发和编程。本章介绍 ROS 文件系统及架构，包括如何使用 roscd、rosls 和 rospack 等 ROS 命令行工具。

▼ 3.1 ROS 文件系统

3.1.1 工作空间

工作空间是创建、修改和编译 ROS 软件包的目录，对于源代码包，只有编译后才能运行。catkin 是基于 cmake 的编译构建系统，ROS 使用 catkin 来编译工作空间里的软件包，因此也把工作空间称为 catkin 工作空间。工作空间用于存放 ROS 的各种项目工程文件，通常在用户目录下创建，自行开发的 ROS 软件包也放在工作空间中。

在用户目录下创建的工作空间，通常命名为 catkin_ws。catkin 工作空间包括 src、build 和 devel 共 3 个目录。它们的具体作用如下：

1）src：存放 ROS 的 catkin 软件包（源代码包）。

2）build：存放 catkin（cmake）的缓存信息和中间文件。

3）devel：存放生成的目标文件（包括头文件、动态链接库、静态链接库和可执行文件等）及环境变量。

软件包要编译后才能运行，编译软件包的工作流程如图 3-1 所示。

在用户目录下创建目录 catkin_ws/src，然后在 catkin_ws 目录中运行 catkin_make 命令，可以初始化工作空间，如图 3-2 所示。

工作空间目录里的 build 目录和 devel 目录由 catkin 系统自动生成并管理，日常的开发过程一般不会涉及。开发软件包主要用到的是 src 目录。编写的 ROS 程序和从网络下载的 ROS 源代码包都存放在这里。在编译时，catkin 编译系统会递归地查找和编译 src 目录下的每一个源代码包。因此也可以把几个源代码包放到同一个文件夹下，catkin 工作空间目录结构如图 3-3 所示。

catkin软件包　　catkin(cmake)的缓存信息和中间文件　　目标文件

图 3-1　编译软件包的工作流程

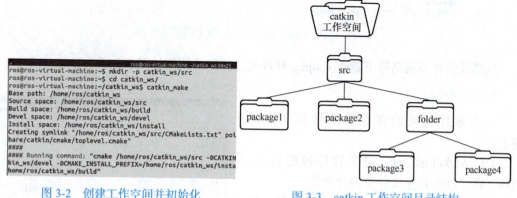

图 3-2　创建工作空间并初始化　　　　图 3-3　catkin 工作空间目录结构

3.1.2　软件包

软件包（Package）是 ROS 代码的软件组织单元，ROS 中的所有软件都被组织为软件包的形式，称为 ROS 软件包或功能包，有时也简称为包。ROS 软件包是一组用于实现特定功能的文件的集合，包括程序库、可执行文件、脚本或其他文件，比如 2.2.7 节中的海龟示例使用的两个可执行文件 turtlesim_node 和 turtle_teleop_key 都属于 turtlesim 包。

ROS 中的软件包不仅是 Linux 的软件包，更是 catkin 编译的基本单元，任何 ROS 程序只有组织成软件包才能编译。所以软件包也是 ROS 源代码存放的地方，ROS 程序无论是用 C++ 还是 Python 编写，都要放到软件包中。一个软件包可以编译出来多个目标文件（ROS 可执行程序、动态库、静态库及头文件等）。

可以说，所有的 ROS 软件都是一个软件包或其他软件包的一部分。需要注意的是，这里所说的 ROS 软件也包括了用户创建的程序，在后面的章节中会介绍如何创建新的软件包。

ROS 软件包需要在工作空间目录里的 src 目录下（catkin_ws/src）创建，创建命令为 catkin_create_pkg，用法如下：

```
catkin_create_pkg package_name depends_package
```

其中 package_name 是软件包名，depends_package 是创建 package_name 软件包所要依

赖的其他软件包的名称，可以有多个依赖。如果有多个依赖软件包，这些软件包之间至少要有一个空格分隔。

例如，新建一个软件包并命名为 testpkg，其依赖软件包为 roscpp、rospy 和 std_msgs，命令如下：

```
catkin_create_pkg testpkg roscpp rospy std_msgs
```

创建结果如图 3-4 所示。

```
ros@ros-virtual-machine:~/catkin_ws/src 93x25
ros@ros-virtual-machine:~/catkin_ws/src$ catkin_create_pkg testpkg roscpp rospy std_msgs
Created file testpkg/package.xml
Created file testpkg/CMakeLists.txt
Created folder testpkg/include/testpkg
Created folder testpkg/src
Successfully created files in /home/ros/catkin_ws/src/testpkg. Please adjust the values in pa
ckage.xml.
ros@ros-virtual-machine:~/catkin_ws/src$
```

图 3-4　使用 catkin_create_pkg 命令创建软件包

这样就会在当前路径下新建 testpkg 软件包，其目录结构如图 3-5 所示。

1. 软件包结构

一个软件包可能存在的文件和文件夹如下：

1）CMakeLists.txt：定义软件包的包名、依赖、源文件和目标文件等编译规则。

2）package.xml：描述软件包的包名、版本号、作者和依赖等信息。

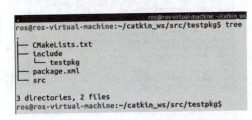

图 3-5　testpkg 软件包的目录结构

3）src：存放 ROS 的源代码的目录，包括 C++ 的源代码（.cpp）以及 Python 的 module（.py）。

4）include：存放 C++ 源代码头文件的目录。

5）scripts：存放可执行脚本的目录，例如 shell 脚本（.sh）、Python 脚本（.py）。

6）msg：存放自定义格式消息的目录。

7）srv：存放自定义格式服务的目录。

8）models：存放机器人或仿真场景的 3D 模型的目录。

9）urdf：存放机器人模型描述的目录。

10）launch：存放 launch 文件的目录。

其中，CMakeLists.txt 和 package.xml 是软件包中必不可少的文件。catkin 在编译软件包时，首先就要解析这两个文件，这两个文件定义了一个软件包。

通常软件包里的目录按照以上的形式命名，这是一种约定俗成的命名习惯。

2. 文件 CMakeLists.txt

CMakeLists.txt 规定了本软件包要依赖哪些软件包、要编译生成哪些目标文件、如何编译等，它指定了由源代码到目标文件的规则。所以 CMakeLists.txt 非常重要，catkin 编译系统在工作时首先会找到每个软件包目录下的 CMakeLists.txt，然后按照该文件中的规则来编译构建软件包。CMakeLists.txt 的总体结构如下：

```
cmake_minimum_required()        #cmake 的版本号
project()                       # 项目名称
find_package()                  # 找到编译需要的其他 cmake/catkin package
catkin_python_setup()           # 设置要安装的 Python 脚本程序
add_message_files()             # 添加自定义 Message 文件
add_service_files()             # 添加自定义 Service 文件
add_action_files()              # 添加自定义 Action 文件
generate_message()              # 生成不同语言版本的 msg/srv/action 接口
catkin_package()                # 生成当前 package 的 cmake 配置，供依赖本软件包的其他软
                                  件包调用
add_library()                   # 生成库
add_executable()                # 生成可执行的二进制文件
add_dependencies()              # 定义生成目标文件时的依赖项
target_link_libraries()         # 链接
catkin_add_gtest()              # 生成测试
install()                       # 安装至本机
```

3. 文件 package.xml

package.xml 是说明软件包的描述文件，也是软件包的必备文件。package.xml 包含了软件包的名称、版本号、内容描述、维护者、软件许可证、编译构建工具、编译依赖项和运行依赖项等信息。实际上 rospack find、rosdep 等软件包管理命令之所以能快速定位和分析出软件包的依赖项信息，就是因为这些命令直接读取了软件包中的 package.xml。

package.xml 通常包含以下标签：

```
<package>                  <!-- 根标记文件 -->
<name>                     <!-- 包名 -->
<version>                  <!-- 版本号 -->
<description>              <!-- 内容描述 -->
<maintainer>               <!-- 维护者 -->
<license>                  <!-- 软件许可证 -->
<buildtool_depend>         <!-- 编译构建工具，通常为 catkin-->
<depend>                   <!-- 指定编译、导出、运行需要的依赖项 -->
<build_depend>             <!-- 编译依赖项 -->
<build_export_depend>      <!-- 导出依赖项 -->
<exec_depend>              <!-- 运行依赖项 -->
<test_depend>              <!-- 测试用例依赖项 -->
<doc_depend>               <!-- 文档依赖项 -->
```

开发编写软件包时，编译系统会自动生成文件 CMakeLists.txt 和 package.xml，开发人员可根据实际情况修改其中的部分内容。

3.1.3　ROS 文件管理

ROS 的功能代码文件分散在许多软件包中。如果使用 Linux 系统的内置命令（如 ls 和 cd 命令）来进行管理与使用，可能会非常烦琐，因此 ROS 提供了专门的命令来简化这些操作。

1. rospack 命令

rospack 用于获取软件包的有关信息。rospack 命令加上 find 选项可以返回软件包的所在路径，加上 list 选项可以返回操作系统中已安装的软件包。

下列命令可以查找 turtlesim 软件包的路径：

```
rospack find turtlesim
```

查找结果如图 3-6 所示。

rospack list 命令可以列出操作系统中已安装的软件包，如图 3-7 所示。

rospack 命令的用法见表 3-1。

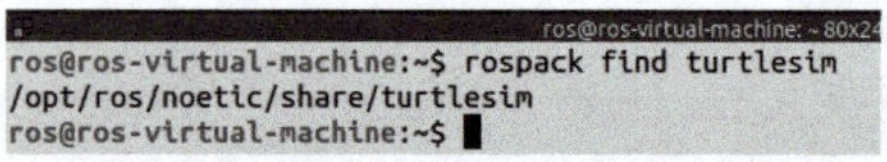

图 3-6　查找软件包

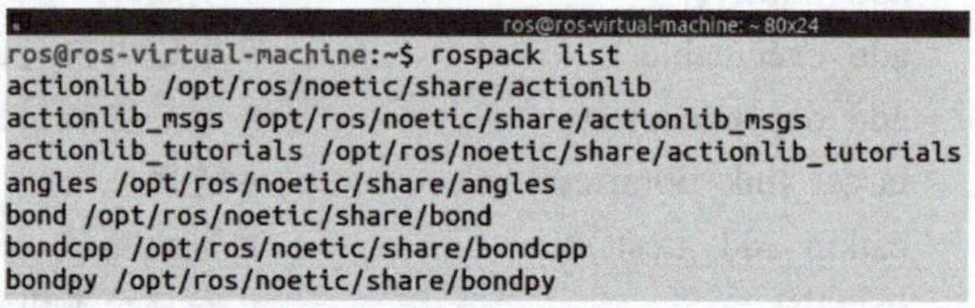

图 3-7　列出操作系统中已安装的软件包

表 3-1　rospack 命令的用法

rospack 命令	作用
rospack help	显示 rospack 命令的用法
rospack list	列出所有软件包
rospack depends [package]	显示软件包的依赖软件包
rospack find [package]	定位某个软件包
rospack profile	刷新所有软件包的位置记录

以上命令中，如果 [package] 缺省，则默认为当前软件包。

2. roscd 命令

roscd 命令用于切换目录到某个软件包（与 cd 命令类似）。

下列命令可切换到 turtlesim 软件包的位置。

```
roscd turtlesim
```

然后使用 pwd 命令输出工作目录，可以看到二者的路径是完全相同的，如图 3-8 所示。

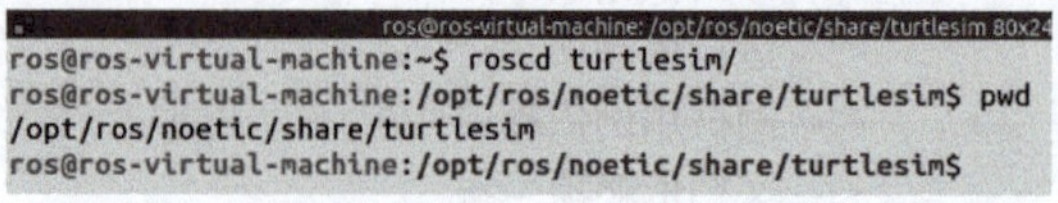

图 3-8　切换到 turtlesim 软件包的位置并输出工作目录

需要注意的是：roscd 命令只能切换到那些路径已经包含在 Ubuntu 系统环境变量 ROS_PACKAGE_PATH 中的软件包。要查看环境变量 ROS_PACKAGE_PATH 中包含的路径，可以输入如图 3-9 所示的 echo $ROS_PACKAGE_PATH 命令。

图 3-9　查看环境变量 ROS_PACKAGE_PATH 中包含的路径

echo 命令是 Ubuntu 系统中的命令，通常用于显示文本或字符串。对于环境变量 ROS_PACKAGE_PATH 包含的软件包的路径，每条路径使用冒号（：）分隔。与 Windows 系统的环境变量类似，可以在环境变量 ROS_PACKAGE_PATH 中添加更多的路径，每条路径同样使用冒号分隔。

roscd 命令也可以切换到一个软件包的子目录中。下列命令可以切换到 turtlesim 软件包下的 msg 目录，如图 3-10 所示。

> roscd turtlesim/msg

使用 roscd log 命令可以进入存储 ROS 日志文件的目录。需要注意的是，如果此前没有执行过任何 ROS 程序，系统会报错说该目录不存在，这是因为日志目录 log 会在第一次运行 ROS 程序后自动生成。

如果此前已经运行过 ROS 程序，运行 roscd log 命令后如图 3-11 所示。

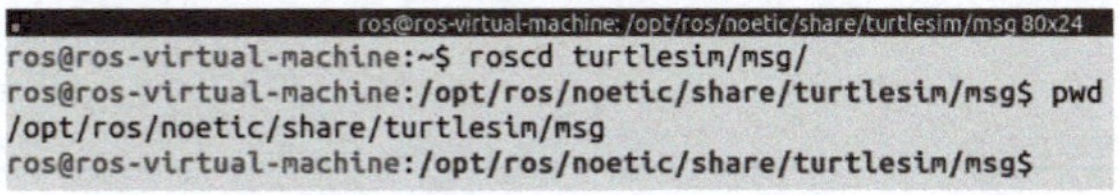

图 3-10　切换到一个软件包的子目录

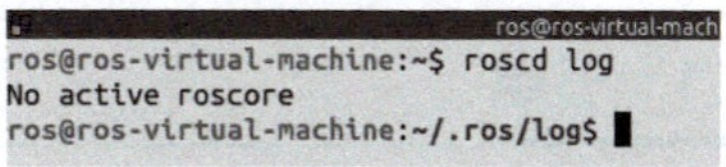

图 3-11　进入日志目录 log

3. rosls 命令

rosls 命令用于列出某个软件包下的文件和文件夹（与 ls 命令类似，不必输入绝对路径）。

下列命令可以列出软件包下的文件和文件夹，如图 3-12 所示。

> rosls turtlesim

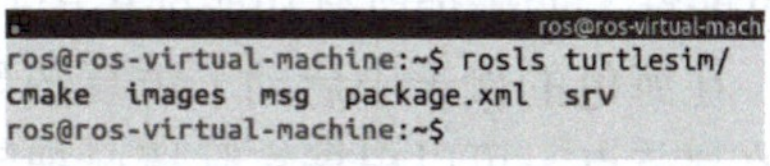

4. rosdep 命令

rosdep 命令用于管理软件包的依赖项，用法见表 3-2。

图 3-12　列出软件包下的文件和文件夹

表 3-2　rosdep 命令的用法

rosdep 命令	作用
rosdep check [pacakge]	检查软件包的依赖项是否满足
rosdep install [pacakge]	安装软件包的依赖项
rosdep db	生成和显示依赖数据库
rosdep init	初始化
rosdep update	更新本地的 rosdep 数据库

rosdep 命令较常使用的形式为：

> rosdep install --from-paths src --ignore-src --rosdistro=noetic
> rosdep install --from-paths src --ignore-src --rosdistro=noetic -y

这些形式用于安装工作空间中 src 目录下所有软件包的依赖项。

5. <Tab> 键自动补全命令

输入完整的软件包名称是比较烦琐的。在之前的例子中，turtlesim 是个比较长的名称。

为了提高输入准确度和速度，ROS 命令也支持自动补全的功能。

输入 "roscd turtles"，然后按下 <Tab> 键，系统会自动补全剩余部分：

rosls turtlesim/

这是因为 turtlesim 软件包是目前唯一一个名称以 "turtles" 开头的软件包。如果输入
"rosls tur"，按 <Tab> 键后，命令并不能自动完整地补全出来，只会补全至如下程度：

rosls turtle

这是因为有多个软件包以 "turtle" 开头，当再次按 <Tab> 键后，会列出所有以 <tur-
tle> 开头的软件包，如图 3-13 所示。

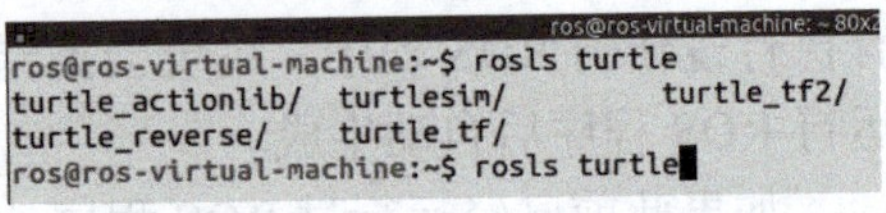

图 3-13　以 "turtle" 开头的软件包

▼ 3.2　ROS 架构

3.2.1　节点　///

ROS 里最小的单元是节点（Node），一个软件包里可以有多个可执行文件，可执行文
件在运行之后成为一个进程（Process），这个进程在 ROS 中就称为节点。从程序角度来说，
节点就是一个可执行文件（包括 C++ 编译生成的可执行文件和 Python 脚本）被执行加载
到了内存之中。从功能角度来说，通常一个节点负责机器人的某一个单独的功能，由于机
器人的功能模块非常复杂，通常不会把所有功能设计到一个节点上，而是会采用分布式的
方式。例如由一个节点控制底盘轮子的运动、一个节点驱动摄像头以获取图像、一个节点
驱动激光雷达、一个节点根据传感器信息进行路径规划等。这样做可以降低程序发生崩溃
的可能性，如果把所有功能都集中到一个节点中，模块间的通信和异常处理会比较复杂。

在海龟的例子中启动了仿真图形界面程序和键盘控制程序，即仿真图形界面节点和键
盘控制节点。可以根据实际情况把键盘控制替换为其他控制方式，而仿真图形界面节点不
用变化。这就是一种模块化分工的思想。

3.2.2　节点管理器　///

由于机器人的元器件很多，功能复杂，因此实际工作时往往会运行众多的节点，例如
环境感知节点、运动控制节点、决策和计算节点等。这些节点的调配和管理是由节点管理
器（主节点）来完成的。节点管理器在整个网络通信架构里相当于管理中心，管理着各个
节点。节点运行时，首先在节点管理器处进行注册，之后节点管理器会将该节点纳入整个
ROS 程序中。节点之间的通信也是先由节点管理器进行 "牵线"，才能让节点之间进行点
对点通信。当 ROS 程序启动时，应该首先启动节点管理器，然后启动各个节点。启动节点
管理器时使用如下命令：

roscore

在 2.2.7 节测试 ROS 是否正确安装的例子中已经使用过这个命令。roscore 命令不带任
何参数，也无需任何配置，简单易用。

节点管理器应该在其他 ROS 程序运行期间持续运行。运行调试 ROS 程序时，通常

先使用 roscore 命令，然后打开其他终端运行 ROS 程序。在节点管理器已经启动的情况下，如果两个节点在启动后建立了通信连接，这时即便在运行 roscore 命令的终端窗口利用 <Ctrl+C> 停止节点管理器，也不会中断这两个节点之间的通信。大多数 ROS 节点在启动时会连接到节点管理器上，如果 roscore 命令被终止，节点不会尝试重新连接节点管理器，即使稍后重启 roscore 命令也无济于事。

通常情况下，roscore 命令不需要停止后重新运行，但有时候重新运行 roscore 命令可以实现如下功能：切换到一组新的日志文件或清理参数服务器。这里的 roscore 命令用来显式启动 ROS 的节点管理器，在后面的章节中将学习一个称为 roslaunch 的工具，它用于一次性启动多个节点并自动启动节点管理器。roslaunch 是一个自适应工具，如果启动其他节点时节点管理器没有运行，它会自动启动节点管理器；如果节点管理器已经启动，则不会重复启动节点管理器。

请读者注意，在有的资料中，节点管理器也叫主节点（Master），或者用 roscore 来代称。

3.2.3　计算图

图（Graph）是由 ROS 进程组成的点对点网络，在中文语境中，常常称为计算图。ROS 计算图主要包括节点、节点管理器、参数服务器（Parameter Server）、消息（Messages）、服务（Services）和话题（Topics）等。它们以不同的方式向计算图提供数据，统称为图资源（Graph Resource）。

计算图的可视化工具为 rqt_graph，它可以显示当前有哪些节点在运行，消息的流向是怎样的。这个命令能显示系统的全貌，可以提高开发者对 ROS 通信和数据传递的理解。

3.2.4　客户端库

ROS 为机器人开发者提供了不同语言的编程接口，例如 C++ 客户端库称为 roscpp，Python 客户端库称为 rospy，Java 客户端库称为 rosjava。使用这些客户端库可以创建话题（Topic）、服务（Service）和参数（Param），实现 ROS 的通信功能。

ROS 客户端库可以让不同编程语言编写的节点进行相互通信，目前 ROS 支持的客户端库见表 3-3。

表 3-3　ROS 客户端库

客户端库名称	简介
roscpp	ROS 的 C++ 库，它是目前广泛应用的 ROS 客户端库，执行效率高
rospy	ROS 的 Python 库，其开发效率高，通常用在对运行时间没有太高要求的场合，例如配置和初始化等操作
roslisp	ROS 的 LISP 库
roscs	Mono/.NET 库，可使用任何 Mono/.NET 语言，包括 C#、Iron Python 和 IronRuby 等
rosgo	ROS Go 语言库
rosjava	ROS Java 语言库
rosnodejs	JavaScript 客户端库

从开发客户端库的角度看，一个客户端库至少需要包括节点管理器注册、名称管理和消息收发等功能，这样才能给开发者提供对 ROS 通信架构进行配置的方法。

1. roscpp

roscpp 是 ROS 的 C++ 客户端库，其设计目标是成为 ROS 的高性能库。在 C++ 程序中使用 roscpp 库，需要包含相应的头文件 #include <ros/ros.h>。

roscpp 的主要部分包括：

ros::init()：	节点初始化函数
ros::NodeHandle：	节点句柄，与 topic、service 和 param 等交互的公共接口
ros::master：	包含从节点管理器查询信息的函数
ros::this_node：	包含查询当前节点的函数
ros::service：	包含查询服务的函数
ros::param：	包含查询参数服务器的函数，无需使用 NodeHandle
ros::names：	包含处理 ROS 计算图资源名称的函数

2. rospy

rospy 是一个用于 ROS 的纯 Python 客户端库，其设计更倾向于提升开发效率。使用 rospy 可以在 ROS 中快速原型化和测试算法，同时 rospy 也是配置、初始化等非关键程序的理想选择。许多 ROS 工具如 rostopic 和 rosservice，都是用 rospy 编写的。

rospy 包含的功能与 roscpp 相似，都有关于 Node、Topic、Service、Param 和 Time 的操作。但 rospy 和 roscpp 也有一些区别：

1）rospy 没有节点句柄 NodeHandle，创建 publisher 和 subscriber 等操作都被直接封装成了 rospy 中的函数或类，调用起来简单直观。

2）rospy 一些接口的命名和 roscpp 不一致，有些地方需要开发者注意，避免调用错误。

相比于用 C++ 开发，用 Python 写 ROS 程序的效率大大提高，诸如显示、类型转换等细节不再需要被开发者注意。但 Python 的执行效率较低，同样的功能用 Python 运行的耗时会高于 C++。因此在开发 SLAM、路径规划和机器视觉等方面的算法时，往往优先选择 C++。

3.2.5　运行与查看节点

1. 启动节点

启动节点（运行 ROS 程序）的基本命令是 rosrun。

```
rosrun package-name executable-name
```

rosrun 可以通过软件包名直接运行软件包内的程序，而无需输入软件包的具体路径。rosrun 命令有两个参数，第一个参数是软件包的名称；第二个参数是该软件包中的可执行文件的名称。

打开一个新的终端窗口，运行海龟示例 turtlesim 软件包中的 turtlesim_node。输入下列命令，运行结果如图 3-14 所示。

```
rosrun turtlesim turtlesim_node
```

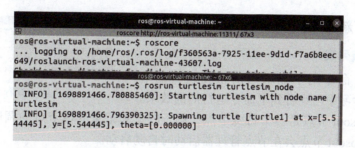

图 3-14　运行 turtlesim_node

此时会看到如图 3-15 所示的海龟仿真窗口。

海龟图片可能与图 3-15 中的不同，因为实际上有许多版本的海龟图片，每次运行会随机选择一个。

新打开一个终端窗口，输入下列命令：

rosnode list

然后会看到类似图 3-16 所示的输出信息，即显示当前的节点列表。

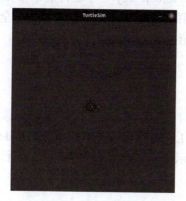

图 3-15　海龟仿真窗口

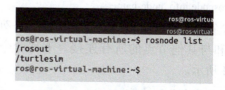

图 3-16　显示当前的节点列表

rosrun 命令可以使用参数 __name 重新指定节点运行后的名称，这种情况称为"节点重命名"。运行中的各个节点的名称不能重复，使用节点重命名可以使基于同一 ROS 程序启动后的节点名称各不相同，方便调试 ROS 程序。

在运行 turtlesim 的终端窗口按下 <Ctrl+C> 键，或者直接关闭 turtlesim 终端窗口，然后输入下列命令重新运行 turtlesim，使用节点重命名改变节点名称，运行结果如图 3-17 所示。

rosrun turtlesim turtlesim_node __name:=myturtle

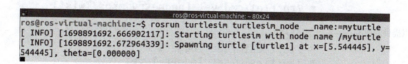

图 3-17　节点重命名

注意，在上述命令中，"name"前面是两条下画线。然后在新的终端窗口输入 rosnode list 命令查看节点列表，可以看到类似图 3-18 所示的节点信息。

此时出现了新的节点 /myturtle。

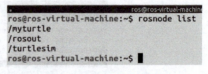

2. 查看节点列表

rosnode list 命令用于显示当前正在运行的节
点，在前面的学习中已经看到了命令运行后的效果。

图 3-18 查看节点信息

图 3-18 中的 /rosout 节点是一个特殊节点，用于收集和记录其他节点的调试输出，所以它
总是在运行。/rosout 节点会在节点管理器启动时自动启动。

再次打开一个终端窗口，输入图 3-19 所示命令，启动键盘控制节点。

可以看到如图 3-20 所示的节点列表中增加了一个 /teleop_turtle 节点。

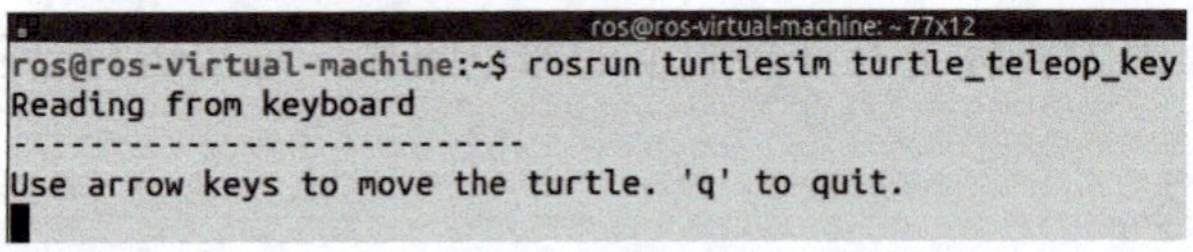

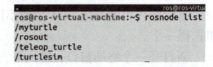

图 3-19 启动键盘控制节点 图 3-20 节点列表

启动键盘控制节点的命令中的程序名称 "turtle_teleop_key" 与运行后的节点名中的
"teleop_turtle" 不相同，这是 ROS 允许的。节点前面的 "/" 表明该节点名称属于全局命名
空间。关于 ROS 的命名空间，将在后面的章节中介绍。

3. 查看节点信息

要查看特定节点的信息，可使用如下命令：

```
rosnode info  node-name
```

这个命令的输出包括话题列表、服务列表、其 Linux 进程标识符（Process Identifier,
PID）和与其他节点的所有连接。下列命令可以显示 /turtlesim 节点的信息，运行结果如
图 3-21 所示。

```
rosnode info /turtlesim
```

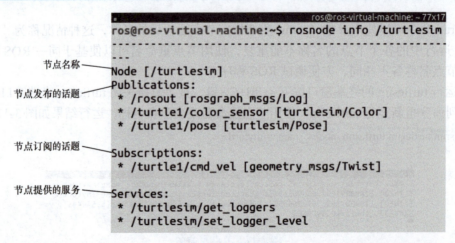

图 3-21 显示节点信息

节点信息会显示该节点发布的话题、订阅的话题和提供的服务等信息。

4. 测试节点

使用 rosnode ping 命令测试节点连接是否正常，如图 3-22 所示。测试结果表明 /myturtle 节点运行正常。

```
ros@ros-virtual-machine: ~ 77x12
ros@ros-virtual-machine:~$ rosnode ping myturtle
rosnode: node is [/myturtle]
pinging /myturtle with a timeout of 3.0s
xmlrpc reply from http://ros-virtual-machine:40303/     time=1.574039ms
xmlrpc reply from http://ros-virtual-machine:40303/     time=0.753641ms
xmlrpc reply from http://ros-virtual-machine:40303/     time=0.796318ms
```

图 3-22　测试节点连接是否正常

5. 终止节点运行

要终止节点运行，可以使用如下命令：

```
rosnode kill  node-name
```

不像终止和重启节点管理器那样，终止和重启节点通常不会对其他节点产生较大影响，即使节点间正在相互交换消息，这些连接也会在节点终止时断开，并在节点重启时重新连接。使用 <Ctrl+C> 组合键也可以终止节点运行。

6. 清除节点信息

使用 <Ctrl+C> 组合键终止节点运行后，不会在节点管理器中注销该节点，已终止的节点仍然在 rosnode 列表中，测试 /turtlesim 节点时会发现其运行不正常，如图 3-23 所示，原因是虽然在前面的操作中使用 <Ctrl+C> 组合键终止了 /turtlesim 节点的运行，但 /turtlesim 节点仍然存在 rosnode 列表中。

```
ros@ros-virtual-machine: ~ 77x17
ros@ros-virtual-machine:~$ rosnode ping /turtlesim
rosnode: node is [/turtlesim]
pinging /turtlesim with a timeout of 3.0s
ERROR: connection refused to [http://ros-virtual-machine:35241/]
ros@ros-virtual-machine:~$ 
```

图 3-23　测试 /turtlesim 节点

这种情况虽然不会影响其他节点的运行，但可能会让用户对当前节点的运行分布情况感到困扰。此时可以使用 rosnode cleanup 命令将已经终止的节点从列表中删除，如图 3-24 所示。

```
ros@ros-virtual-machine: ~ 77x17
ros@ros-virtual-machine:~$ rosnode cleanup
ERROR: connection refused to [http://ros-virtual-machine:35241/]
Unable to contact the following nodes:
 * /turtlesim
Warning: these might include alive and functioning nodes, e.g. in uns
tworks.
Cleanup will purge all information about these nodes from the master.
Please type y or n to continue:
y
Unregistering /turtlesim
done
ros@ros-virtual-machine:~$ rosnode list
/myturtle
/rosout
/teleop_turtle
ros@ros-virtual-machine:~$ 
```

图 3-24　删除已经终止的节点

运行 rosnode cleanup 命令时会有提示信息，要求确认是否执行删除，输入字母"y"将继续执行。

▼ 本章小结

本章介绍了 catkin 的编译系统，catkin 工作空间的创建和结构，软件包的创建、目录与文件构成，文件 CMakeLists.txt 和 package.xml。此外还介绍了 ROS 节点是如何工作的，以及 ROS 命令工具的命名方式：

1）rospack = ros + pack（age）。

2）roscd = ros + cd。

3）rosls = ros + ls。

4）roscore = ros+core。

5）rosnode = ros+node。

6）rosrun = ros+run。

ROS 里的命令工具多数由"ros"加上相应的 Linux 命令组成，以实现对 ROS 包的便捷操作效果。

▼ 习题

1. 问答题

（1）ROS 的计算图有哪些？

（2）如何理解 ROS 的工作空间和节点？

（3）一个软件包里可能有哪些目录？分别存放什么类型的文件？

（4）一个软件包里必要的文件是什么？它有什么作用？

2. 操作题

（1）使用 rospack 命令统计本机上的软件包的数量。

（2）启动节点管理器，运行海龟示例程序，然后运行 rosnode 命令，观察节点情况，把节点列表和各个节点的详情存入文本文件中。

（3）启动节点管理器，运行海龟示例程序，启动键盘控制节点，然后启动 rqt_graph，观察节点间的通信情况。

第4章
ROS 通信机制

在之前的海龟示例程序中，键盘控制节点和海龟仿真节点必须以某种方式进行对话。否则，海龟仿真节点中的海龟将无法响应键盘控制节点中的按键操作。ROS 通信机制包括数据处理、进程运行和消息传递等。本章介绍 ROS 通信机制的基本通信方式和相关概念，ROS 中的基本通信机制主要有 3 种：话题通信（发布订阅模式）、服务通信（请求响应模式）和参数服务器（参数共享模式）。通过本章的学习，读者可对 ROS 通信机制有一个宏观的理解，掌握 ROS 命令的基本用法，编写基本的 ROS 通信程序，为后续学习和实际应用打好坚实基础。

▼ 4.1 话题

ROS 节点之间通信的最重要的机制就是消息传递，消息有组织地存放在话题（Topic）里。消息传递的原理是：当一个节点想要分享信息时，它就会发布消息到对应的一个或者多个话题中，这个节点称为发布者（Publisher）；当一个节点想要接收信息时，它就会订阅它所需要的一个或者多个话题，这个节点称为订阅者（Subscriber）。节点管理器负责确保发布者节点和订阅者节点能找到对方，而且消息会直接从发布者节点传递到订阅者节点，中间并不经过节点管理器转交。

话题通信是 ROS 常用的一种通信方式。对于实时性、周期性的消息，使用话题通信是最佳的选择。话题通信是一种点对点的单向通信方式，这里的"点"指的是节点，即节点之间可以通过话题的方式来传递信息。完成话题通信要经历以下的过程：首先发布者节点和订阅者节点都要到节点管理器处进行注册，然后发布者节点会发布话题，订阅者节点订阅该话题，从而建立起发布者节点→订阅者节点的通信。整个过程中消息的传递是单向的，如图 4-1 所示。

话题通信涉及 3 种角色：节点管理器、发布者和订阅者。节点管理器负责保管发布者节点和订阅者节点注册的信息，并匹

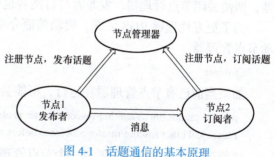

图 4-1　话题通信的基本原理

配话题相同的发布者和订阅者，帮助发布者与订阅者建立连接，连接建立后，发布者可以发布消息，订阅者可以订阅该消息。

4.1.1 话题通信流程 ///

话题通信流程如下：

1. 发布者注册

发布者节点启动后，会通过 RPC 在节点管理器中注册自身信息，其中包含所发布消息的话题名称。节点管理器将节点的注册信息加入注册表中，这个注册过程是自动进行的。

2. 订阅者注册

订阅者节点启动后，会通过 RPC 在节点管理器中注册自身信息，其中包含需要订阅消息的话题名。这个注册过程也是自动进行的。

3. 匹配信息

节点管理器会根据注册表中的信息匹配发布者和订阅者，并通过 RPC 向订阅者发送发布者的 RPC 地址信息。

4. 发送请求

订阅者根据接收到的 RPC 地址，通过 RPC 向发布者发送连接请求，传输订阅的话题名称、消息类型以及通信协议（TCP/UDP）。

5. 确认请求

发布者接收到订阅者的请求后，通过 RPC 向订阅者确认连接信息，并发送自身的 TCP 地址信息。

6. 建立连接

订阅者根据确认请求返回的消息，使用 TCP 与发布者建立网络连接。

7. 发送消息

连接建立后，发布者开始向订阅者发布消息。

上述流程中，前 5 步使用 RPC，后 2 步使用 TCP。发布者与订阅者的启动无先后顺序要求，发布者与订阅者都可以有多个。发布者与订阅者建立连接后，即不再需要节点管理器，即便关闭节点管理器，发布者与订阅者也可以完成通信。

为了更好地理解 ROS 话题，启动前面介绍的海龟示例程序。新打开一个终端窗口，启动节点管理器：

```
roscore
```

如果当前已有节点管理器在运行，可能会显示错误消息：

```
roscore cannot run as another roscore/master is already running.
Please kill other roscore/master processes before relaunching
```

这是正常的，因为只需要有一个节点管理器在运行就够了。

然后打开一个终端窗口，运行以下命令，启动仿真图形界面节点：

```
rosrun turtlesim turtlesim_node
```

再次打开一个终端窗口，启动键盘控制节点：

```
rosrun turtlesim turtle_teleop_key
```

确保 turtle_teleop_key 的终端窗口被选中，此时就可以使用键盘上的方向键来控制海龟运动了。如果不能控制，应检查 turtle_teleop_key 的终端窗口是否被选中。

4.1.2　节点计算图

在海龟示例程序中，仿真图形界面节点和键盘控制节点之间是通过 ROS 话题 /turtle1/cmd_vel 来通信的。键盘控制节点在话题 /turtle1/cmd_vel 上发布键盘按下的消息，仿真图形界面节点则订阅该话题以接收消息。可以使用 rqt_graph 来显示当前运行的节点和话题。

rqt_graph 用动态的图显示系统中正在发生的事情。rqt_graph 是 rqt 程序包中的一部分。如果没有安装 rqt_graph，可运行下列命令：

```
sudo apt install ros-noetic-rqt
sudo apt install ros-noetic-rqt-common-plugins
```

然后打开一个终端窗口，运行下列命令：

```
rosrun rqt_graph rqt_graph
```

此时会看到如图 4-2 所示的窗口，如果把指针放在 /turtle1/cmd_vel 上方，相应的节点（蓝色和绿色）和话题（红色）就会高亮显示。

在图 4-2 所示的 Hide 栏中取消选中 Debug，则得到包括调试节点的计算图，如图 4-3 所示。可以看到 /teleop_turtle 节点通过一个名为 /turtle1/cmd_vel 的话题向 /turtlesim 节点发送数据。

在默认情况下，rqt_graph 隐藏了其认为只在调试过程中使用的 /rosout 节点，可以通过取消选中 Debug 来显示全部节点。在图 4-3 中，rqt_graph 本身就是一个节点（/rqt_gul_py_node_3825），也会显示出来。

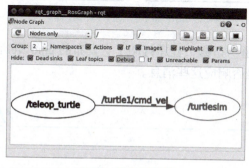

图 4-2　节点计算图

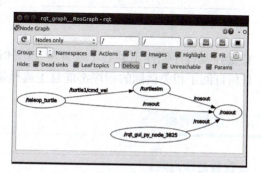

图 4-3　包括调试节点的计算图

所有的节点都会向话题 /rosout 发布消息，该话题由同名的 /rosout 节点订阅。这个话题的作用是生成各个节点的文本日志消息。此处的名称"/rosout"既指节点又指话题。但 ROS 并不会因这种重复的名字而混淆，因为 ROS 会根据响应的操作命令来推测讨论的是

/rosout 节点还是 /rosout 话题。显示调试节点既有利又有弊：有利的是可以很直观地知道当前所有节点的状态；不利的是使节点计算图的结构更加复杂，同时也会引入一些冗余信息。

rqt_graph 还有其他一些选项来微调显示的计算图。可以将下拉列表框中的 Nodes only 改为 Nodes/Topics（all），并取消选中 Hide 栏中除 Debug 以外的所有复选按钮。这种设置的好处在于能用矩形框显示所有的话题，以区别于节点的椭圆形表示，此时的节点计算图如图 4-4 所示。

从图 4-4 中可见，除了订阅 /turtle/com_vel 话题外，/turtlesim 节点还发布了它的当前位姿话题 /turtle1/pose 和颜色数据话题 /turtle1/color_sensor。在查看一个新的 ROS 系统时，使用 rqt_graph 工具，尤其是按照上述方式进行设置，能帮助发现程序中可以用哪些话题来和现有节点进行通信。

允许存在没有被订阅的话题看上去是一个问题，但这种现象实际上很普遍。因为 ROS 的发布者节点通常设计成了只管发布消息，而不考虑是否有其他节点来订阅这些消息。这样的设计有助于减少各个节点之间的耦合度。

当按下方向键时，/teleop_turtle 节点以消息的形式将这些运动控制命令发布到话题 /turtle1/cmd_vel，与此同时，因为 /turtlesim 节点订阅了该话题，因此它会接收到这些消息，并控制海龟按照预定的速度移动，计算图结构如图 4-5 所示。在这个过程中，海龟不关心（或者甚至不知道）是哪个程序发布了这些 cmd_vel 消息。任何向这个话题发布了消息的程序都能控制这个海龟。

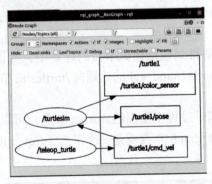

图 4-4　改变了选项的节点计算图

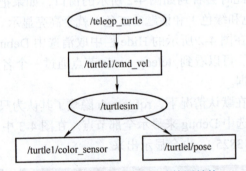

图 4-5　/turtlesim 节点的计算图结构

按键控制程序同样不关心（或者甚至不知道）是哪个程序订阅了它发布的 cmd_vel 消息。任何订阅了相关话题的程序都能自主选择是否响应这些消息。

4.1.3　话题信息

1. 查看话题列表

使用 rostopic list 能够列出当前已被订阅和发布的所有话题，如图 4-6 所示。

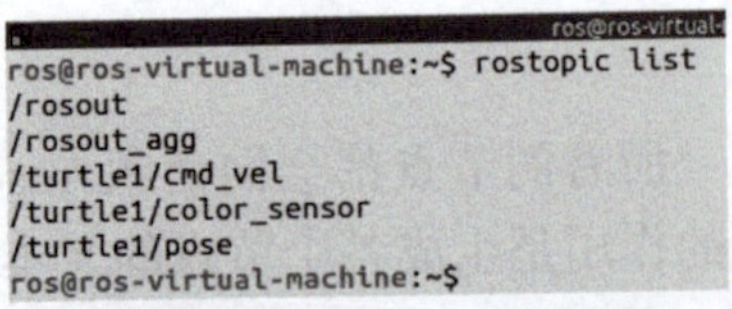

在 rostopic list 中使用参数 -v，即

```
rostopic list -v
```

```
ros@ros-virtual-machine:~$ rostopic list
/rosout
/rosout_agg
/turtle1/cmd_vel
/turtle1/color_sensor
/turtle1/pose
ros@ros-virtual-machine:~$
```

图 4-6　查看话题列表

会列出所有发布和订阅的话题及使用的消息类型，如图 4-7 所示。

当然，这个列表列出的话题和 rqt_graph 中展示的话题是一样的，只是用了文本的形式展示。

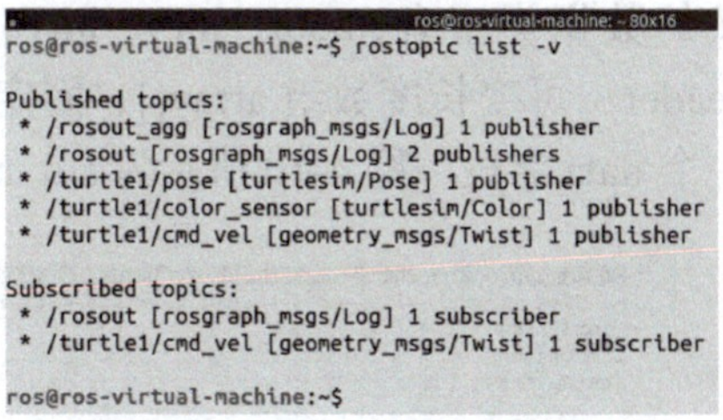

2. 查看话题信息

使用 rostopic info 命令，可以获取更多关于话题的信息。

```
rostopic info topic-name
```

例如，运行如下命令：

```
rostopic info /turtle1/cmd_vel
```

可以看到类似于图 4-8 所示的输出：

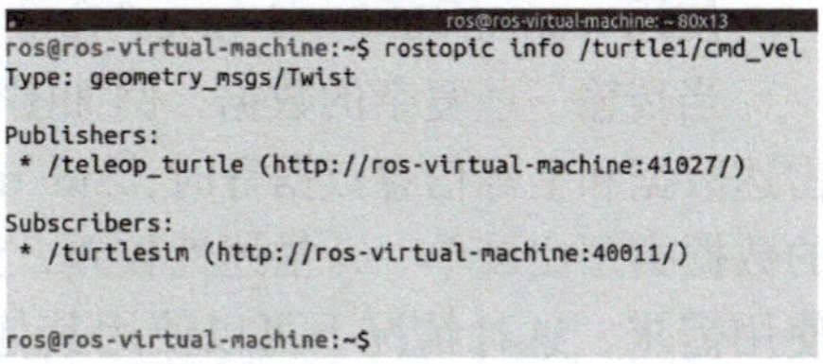

话题信息包含了该话题使用的消息类型 geometry_msgs/Twist、发布该话题的节点 /teleop_turtle 和订阅该话题的节点 /turtlesim。有了这些信息就可以大致了解消息的传递方向，同时，消息类型也包含了使用该消息的话题是如何携带消息内容和如何组织消息的，不了解消息类型就无法编写符合要求的 ROS 程序。

图 4-7　所有发布和订阅的话题及使用的消息类型

图 4-8　查看话题信息

4.2　消息

话题通信是通过在节点间发送 ROS 消息（Message）实现的。以海龟示例程序为例，为了实现发布者节点（/teleop_turtle）和订阅者节点（/turtlesim）之间的通信，发布者节点和订阅者节点必须发送和接收相同类型的消息。这里所说的类型就是消息格式，即消息是什么数据类型和如何组织的。消息格式除了 ROS 已经定义好的以外，还支持自定义消息格式。而某种消息格式通常包含为完成某种话题通信而定义的多种基本数据类型、嵌套的结构和数组的数据体，类似于 C 语言中的结构体。

有的情况下，消息格式也称为消息类型、消息。在 ROS 文献中提到的"消息"可能是指节点发布或者订阅的数据，也可能指的是消息类型。读者在阅读 ROS 文献的内容时，应根据上下文语境理解"消息"是指节点间传输的具体数据内容还是为了在节点间通信而定义的数据格式。

本节先介绍消息与消息文件、常用的消息类型；然后介绍与消息有关的 ROS 命令的用法；最后介绍如何使用 rostopic 命令控制海龟移动并绘制几何图形。

4.2.1　消息文件与类型

消息描述或者消息定义存储在 .msg 文件中，.msg 文件通常保存在 ROS 包的 msg 子目录中。.msg 文件可以包含多行数据，每一行为一个字段，由字段数据类型和字段名称组成，中间用空格隔开。图 4-9 所示为 ROS 中 Header（标头）消息的数据定义，包含时间戳和 ROS 中常用的坐标帧信息。

ROS 的 std_msgs 包定义了一些基本的数据类型，常常称为标准消息。std_msgs 包定义的数据类型有：bool、int8、int16、int32、int64、float、float64、string、time、duration、header、可变长度数组 array[]、固定长度数组 array[C] 和 empty 等，这些数据一般只包含一个 data 字段。图 4-10 所示为 std_msgs/Time、std_msgs/String 类型的结构。

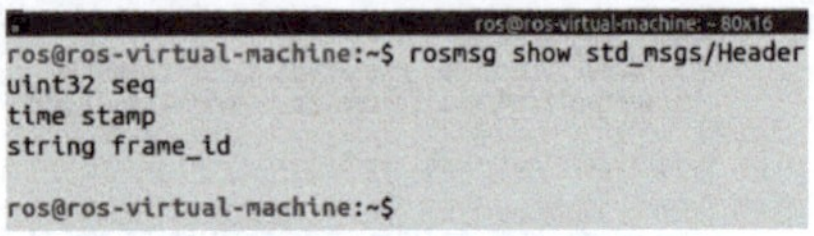

图 4-9　Header 消息的数据定义　　　图 4-10　std_msgs/Time、std_msgs/String 类型的结构

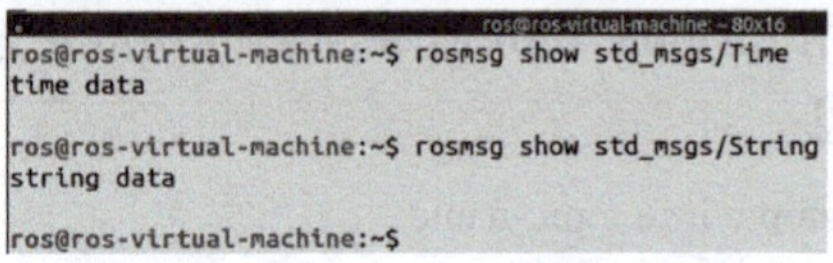

使用 rosmsg show std_msgs/ 命令可以看到其定义的类型如图 4-11 所示。

当传输一些复杂的数据，例如图像数据、激光雷达数据和坐标信息数据等时，std_msgs 包中定义的数据类型比较单一，描述性较差，无法满足实际使用需求，这种情况下可以使用其他 ROS 包定义的消息类型或者自定义消息类型。

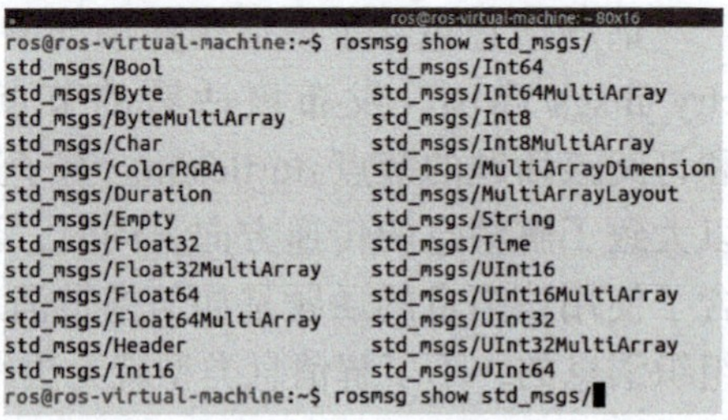

ROS 里的每种消息类型都属于一个特定的包。消息类型的名称总会包含一个斜杠，斜杠前面是包含该消息类型的包的名字，其格式为"包名 / 类型名称"。

图 4-11　定义的类型

例如，turtlesim/Color 消息类型用于定义仿真窗口的背景颜色，可按如下方式分解：

$$\text{turtlesim} \quad + \quad \text{Color} \quad \Rightarrow \quad \text{turtlesim/Color}$$

包名　　　　　类型名称　　　　　消息类型

这种分解消息类型的命名方法基于以下考虑：一是消息类型中包含包的名字能避免命名冲突，例如 geometry_msgs/Pose 和 turtlesim/Pose 是有区别的消息类型，虽然类型名称都是 Pose，但是它们属于不同的包；二是包名和其含有的消息类型放在一起有助于望文知义，即方便猜测它的含义。在编写 ROS 程序的时候，如果用到了其他包的消息类型，那么需要声明对这些包的依赖关系，并需要把包的名称和类型名称一起写出来。例如，ModelState 消息类型单独出现时可能会让人迷惑，但是以 gazebo/ModelState 的形式出现后，就会指明这个消息类型是 Gazebo 仿真器中的一部分，而且很有可能包含了这个仿真器中某个模型的状态信息。

4.2.2　常用消息类型

本节介绍 ROS 中常用的消息类型。

1. std_msgs 包

std_msgs 包定义了 ROS 的基本消息类型，每种消息都有一个名为"data"的字段。std_msgs 包里定义的空类型（Empty）用于发送空信号。std_msgs 包定义的数据常常被用于其他消息类型的定义，这体现了 ROS 的复用思想。表 4-1 为 std_msgs 包中定义的部分消息类型。

表 4-1　std_msgs 包中定义的部分消息类型

消息类型	消息描述
std_msgs/Bool	布尔型
std_msgs/Char	字符型
std_msgs/Empty	空类型
std_msgs/Header	包含整数序列、时间戳和字符串的标记类型，通常用于在坐标系中表示带时间戳的数据，常称为标头
std_msgs/String	字符串类型
std_msgs/Time	时间类型
std_msgs/Int32	32 位整型
std_msgs/Float32	32 位浮点型

2. sensor_msgs 包

sensor_msgs 包中定义了常用于传感器（包括相机和激光雷达测距仪等）的消息。表 4-2 为 sensor_msgs 包中定义的部分消息类型。

表 4-2　sensor_msgs 包中定义的部分消息类型

消息类型	消息描述
sensor_msgs/BatteryState	电池状态
sensor_msgs/CameraInfo	相机信息
sensor_msgs/Image	摄像头信息
sensor_msgs/Imu	从惯性测量单元（陀螺仪）中得到的数据，加速度单位为 m/s²，角速度单位为 rad/s
sensor_msgs/Joy	操纵杆轴和按钮的状态
sensor_msgs/LaserScan	平面内的激光测距扫描（雷达）数据
sensor_msgs/NavSatFix	单个 GPS 的定位数据

3. geometry_msgs 包

表 4-3 为 geometry_msgs 包定义的几何图元（如点、向量和位姿）消息类型。

表 4-3　geometry_msgs 包定义的几何图元消息类型

消息类型	消息描述
geometry_msgs/Quaternion	代表空间中旋转的四元数
geometry_msgs/Pose	自由空间中的位姿信息，包括位置和指向信息
geometry_msgs/Point	空间中点的位置
geometry_msgs/Twist	空间中物体运动的线速度和角速度
geometry_msgs/Vector3	自由空间中的向量
geometry_msgs/Accel	加速度项，包括线性加速度和角加速度
geometry_msgs/Transform	自由空间中两个坐标系之间的变换

4. nav_msgs 包

表 4-4 为 nav_msgs 包定义的用于与导航交互的常见消息类型。

表 4-4　nav_msgs 包定义的常见消息类型

消息类型	消息描述
nav_msgs/Odometry	对自由空间中位置和速度的估计
nav_msgs/Path	表示机器人要遵循的路径的位姿数组

在编写 ROS 程序时，需要从相应的包导入程序中要用到的消息类型。熟悉这些消息类型，有助于编写出正确运行的 ROS 程序。

5. turtlesim 包

Turtlesim 包是为了帮助学习 ROS 而设计的海龟示例教程，学习 ROS 基本是从 turtlesim 包开始的。使用 rospack find turtlesim 命令可以查看 turtlesim 包的存放目录。通常 turtlesim 包位于 /opt/ros/noetic/share/turtlesim 目录下，有 4 个子目录，其中 cmake 目录存放配置文件，images 目录存放海龟图片，msg 目录存放话题消息数据格式定义，srv 目录存放服务数据格式定义，如图 4-12 所示。

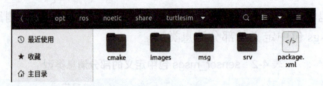

图 4-12　turtlesim 包

turtlesim 包编译后的可执行文件存放在目录 /opt/ros/noetic/lib/turtlesim 下，该目录下有 4 个可执行程序。draw_square 是海龟自动循环走正方形的程序，mimic 是让一个海龟模仿另一个海龟动作的程序，turtlesim_node 是海龟仿真界面程序，turtle_teleop_key 是海龟运动按键控制程序，如图 4-13 所示。

```
                        ros@ros-virtual-machine: /opt/ros/noetic/lib/turtlesim 80x24
ros@ros-virtual-machine:~$ cd /opt/ros/noetic/lib/turtlesim/
ros@ros-virtual-machine:/opt/ros/noetic/lib/turtlesim$ ls
draw_square  mimic  turtlesim_node  turtle_teleop_key
ros@ros-virtual-machine:/opt/ros/noetic/lib/turtlesim$ 
```

图 4-13　turtlesim 包编译后的可执行文件目录

其中，程序 turtlesim_node 和 turtle_teleop_key 的使用已经了解过，海龟自动循环走正方形的程序 draw_square 的用法简单，使用命令 rosrun turtlesim draw_square 运行即可。这里主要介绍海龟运动模仿程序 mimic 的用法。

启动节点管理器，运行海龟仿真界面程序 turtlesim_node，然后运行下列命令，生成一只新海龟，如图 4-14 所示。

rosservice call /spawn 3 3 0 turtle2

```
                        roscore http://ros-virtual-machine:11311/ 81x2
ros@ros-virtual-machine:~$ roscore
... logging to /home/ros/.ros/log/1671d04c-7cad-11ee-8e5b-dbd61d5
                        ros@ros-virtual-machine: ~ 81x2
ros@ros-virtual-machine:~$ rosrun turtlesim turtlesim_node
[ INFO] [1699281647.020606255]: Starting turtlesim with node name
                        ros@ros-virtual-machine: ~ 81x2
ros@ros-virtual-machine:~$ rosservice call /spawn 3 3 0 turtle2
name: "turtle2"
```

图 4-14　输入生产海龟命令

命令执行后，会在坐标点（3，3）生成一只名为"turtle2"的新海龟，其朝向角度为 0（海龟头朝向右侧），如图 4-15 所示。

接着运行命令：

```
rosrun turtlesim mimic input: =turtle1 output: =turtle2
```

上述命令指定名为"turtle2"的海龟模仿海龟"turtle1"的动作。最后启动海龟运动按键控制程序 turtle_teleop_key，按上、下、左、右键控制海龟"turtle1"运动，如图 4-16 所示。

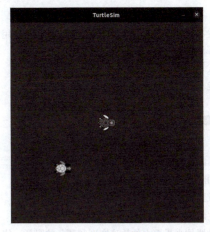

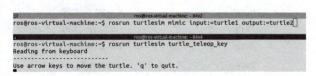

图 4-15　生成一只新海龟　　　　　　　图 4-16　控制海龟"turtle1"运动

可以看到海龟"turtle2"模仿海龟"turtle1"做同样的运动，运行轨迹如图 4-17 所示。

为了更好地理解工作原理，ROS 也提供了带有源代码的教程包。使用下列命令可以复制示例教程源代码包 ros_tutorials 到本地计算机，如图 4-18 所示。

```
cd ~/catkin_ws/src
git clone https://github.com/ros/ros_tutorials
```

复制到本地的 ros_tutorials 源代码包有 4 个子包，海龟示例 turtlesim 也在其中，如图 4-19 所示。感兴趣的读者可以阅读这些包中的源代码文件。

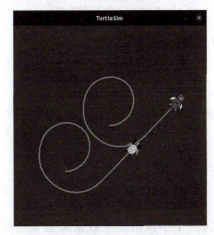

图 4-17　运行轨迹　　　　　　　　　图 4-18　复制 ros_tutorials 源代码包

海龟示例 turtlesim 运行后可以使用话题通信、服务调用和参数设置，能够比较全面地展示 ROS 通信的基本原理和基本过程。表 4-5 为海龟示例的话题和消息类型，表 4-6 为海龟示例的服务和消息类型。了解这些内容对于使用命令或编写程序控制海龟的运动轨迹、调用服务、设置参数非常有帮助。

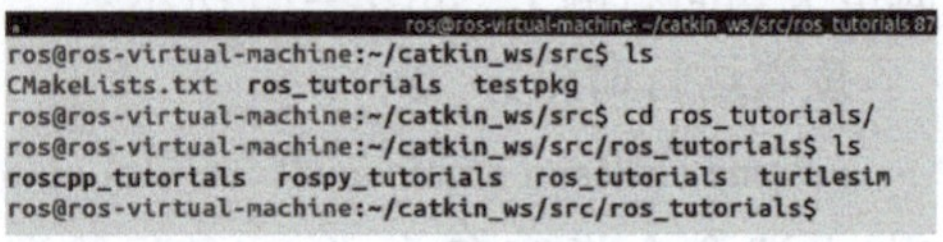

图 4-19　ros_tutorials 包的 4 个子包

表 4-5　海龟示例的话题和消息类型

话题	消息类型	话题与消息说明
/turtle1/cmd_vel	geometry_msgs/Twist	发布线速度和角速度以控制海龟的运动，使用标准消息
/turtle1/color_sensor	turtlesim/Color	发布仿真界面背景颜色，使用自定义消息
/turtle1/pose	turtlesim/Pose	发布海龟的坐标位置，使用自定义消息

表 4-6　海龟示例的服务和消息类型

服务	消息类型	服务与消息说明
/clear	std_srvs/Empty	清除仿真界面轨迹的服务，使用标准消息
/kill	turtlesim/Kill	消除海龟的服务，使用自定义消息
/reset	std_srvs/Empty	重置仿真界面的服务，使用标准消息
/spawn	turtlesim/Spawn	生成新海龟的服务，使用自定义消息
/turtle1/set_pen	turtlesim/SetPen	设置仿真界面上的轨迹宽度和颜色的服务，使用自定义消息
/turtle1/teleport_absolute	turtlesim/TeleportAbsolute	移动海龟到目标点的服务（设置目标点的 x、y 坐标和朝向），使用自定义消息
/turtle1/teleport_relative	turtlesim/TeleportRelative	移动海龟到目标点的服务（设置线速度和角速度），使用自定义消息

4.2.3　rosmsg 命令

rosmsg 命令用于查看 ROS 的消息类型和数据结构。

1. 显示消息类型

使用 rosmsg list 命令可以列出系统所有的已定义的 ROS 消息类型，图 4-20 只截取了一部分 ROS 消息类型。

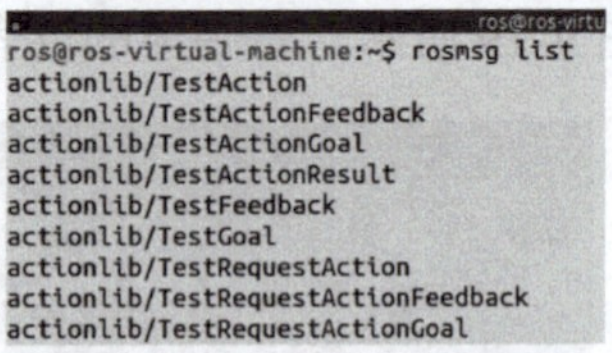

图 4-20　部分 ROS 消息类型

2. 查看消息详细定义

使用 rosmsg show 命令可以查看消息类型的详细定义，例如：

```
rosmsg show message-type-name
```

以 turtlesim/Color 消息类型为例，输入下列命令：

```
rosmsg show turtlesim/Color
```

其输出如图 4-21 所示：

上述输出的格式是字段的列表，每行一个字段，每一个字段由基本数据类型（例如 int8、bool 或者 string）以及字段名称组成。输出表明 turtlesim/Color 包含 3 个无符号 8 位整型变量 r、g 和 b。另一个例子是 geometry_msgs/Twist，本书中多次使用这种消息类型，该消息类型对应 /turtle1/cmd_vel 话题，而且要稍微复杂一些，如图 4-22 所示。

```
ros@ros-virtual-machine:~$ rosmsg show turtlesim/Color
uint8 r
uint8 g
uint8 b

ros@ros-virtual-machine:~$
```

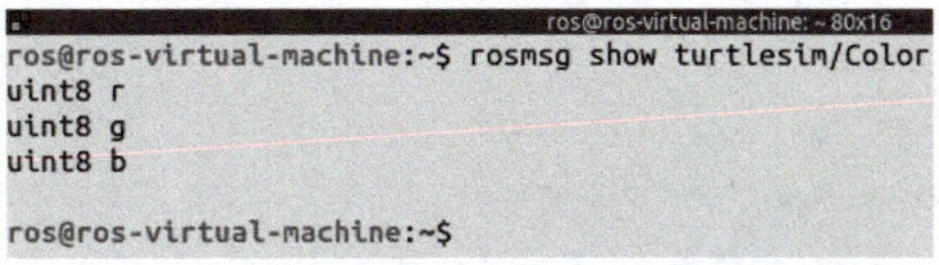

图 4-21　turtlesim/Color 消息类型的详细定义

```
ros@ros-virtual-machine:~$ rosmsg show geometry_msgs/Twist
geometry_msgs/Vector3 linear
  float64 x
  float64 y
  float64 z
geometry_msgs/Vector3 angular
  float64 x
  float64 y
  float64 z

ros@ros-virtual-machine:~$
```

图 4-22　geometry_msgs/Twist 消息类型的详细定义

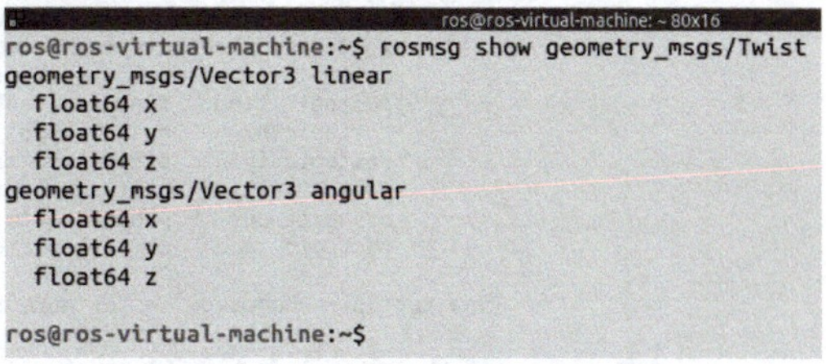

图 4-22 中的 linear 和 angular 都是复合域，其数据类型是 geometry_msgs/Vector3，其下有缩进格式的 64 位浮点数成员 x、y 和 z。也就是说，geometry_msgs/Twist 包含 6 个成员，以两个数据类型为 geometry_msgs/Vector3 的形式组织，分别为 linear 和 angular。

一般来说，一个复合域包含一个或者多个基本数据类型，也可以包含另外的复合域。采用这种方式可以减少数据类型的定义，复用已有的数据类型。另外，上述复合域数据本身也可以作为消息类型，例如一个具有 geometry_msgs/Vecotr3 消息类型的话题是完全符合规范的。这种嵌套定义的方法提高了代码的复用率，例如 std_msgs/Header 包含一些基本的序列号、时间戳以及坐标系等信息，它作为一个复合域（一般称为 header）出现在上百个其他的消息类型中。

rosmsg show 命令在显示消息类型时会自动向下展开复合域，直到基本数据类型为止，同时使用缩进的形式来展示这种层次结构。

消息类型同样可以包含固定或可变长度的数组（用中括号 [] 表示）和常量（一般用来解析其他非常量的域），但是这些特性没有在海龟示例中使用。使用了这些特性的消息类型如 sensor_msgs/Image，其表示摄像头画面数据。

图 4-23 所示为 sensor_msgs/Image 消息类型的详细定义。

在编写 ROS 程序功能的实现细节时，经常需要对消息中包含的数据进行计算、转换和组合等操作，使用 rosmsg show 命令可以了解某种类型消息的详细定义，对于正确使用消息，写出符合要求的 ROS 程序非常重要。

```
ros@ros-virtual-machine:~$ rosmsg show sensor_msgs/Image
std_msgs/Header header
  uint32 seq
  time stamp
  string frame_id
uint32 height
uint32 width
string encoding
uint8 is_bigendian
uint32 step
uint8[] data

ros@ros-virtual-machine:~$
```

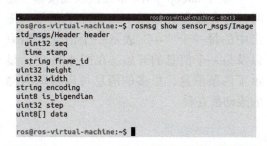

图 4-23　sensor_msgs/Image 消息类型的详细定义

4.2.4　rostopic 命令

rostopic 命令有多个选项（见图 4-24），除了可以查看话题列表与话题信息外，还可以查看消息内容、消息类型及发布消息等。rostopic 命令还可以使用帮助选项查看其可用的子命令。

list 选项可以显示所有话题列表，info 选项可以显示某个话题使用的消息类型和发布 / 订阅节点，这些在前面的章节已经了解过，这里不再赘述。

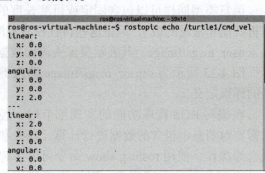

图 4-24 rostopic 命令的选项

1. echo 选项

rostopic 命令加 echo 选项用于查看消息内容，即显示发布在某个话题上的消息的内容。命令格式为：

```
rostopic echo [topic]
```

由 /turtle_teleop_key 节点发布的"指令、速度"数据，会发布在 /turtle1/cmd_vel 话题上。运行海龟示例，打开一个终端窗口，输入以下命令：

```
rostopic echo /turtle1/cmd_vel
```

输入之后可能会看到什么都没发生，因为现在还没有数据被发布到该话题上。可以通过按下键盘上的方向键让 /teleop_turtle 节点发布数据。如果海龟不能运动，应检查运行 turtle_teleop_key 程序的终端窗口是否被选中且处于最前面。

当按下向上键时，可以看到如图 4-25 所示内容。

每当 /teleop_turtle 节点接收到按键信息时，将会显示类似图 4-25 所示的结果。输出中的每一个"---"表示一个消息的结束以及另一个消息的开始。在图 4-25 中，显示了两条消息，更多的消息可以移动右侧的滚动条查看。

图 4-25 话题收到的消息

2. type 选项

rostopic 命令加 type 选项用来查看某个话题使用的消息类型。其命令格式为：

```
rostopic type [topic]
```

输入下列命令：

```
rostopic type /turtle1/cmd_vel
```

可以看到：

```
geometry_msgs/Twist
```

知道了消息类型，就可以使用之前介绍的 rosmsg 命令来查看消息的详细信息。

```
rosmsg show geometry_msgs/Twist
```

3. pub 选项

pub 选项用于发布消息内容。在多数时候，消息的发布工作是由编写的程序完成的，但在分析消息流向及调试程序时，使用命令来手动发布消息是很实用的。使用 rostopic 命令加 pub 选项可以发布消息，例如以下命令会重复地按照特定频率向 /turtle1/cmd_vel 话题发布消息。

> rostopic pub -r 1 /turtle1/cmd_vel geometry_msgs/Twist'[2,0,0]' '[0,0,0]'

命令中的参数'[2，0，0]'和'[0，0，0]'表示线速度和角速度。前面 3 个数字表示三维空间中的 x、y 和 z 方向上的线速度，后面 3 个数字表示 x、y 和 z 方向上的角速度。命令中使用单引号（''）和中括号（[ ]）把数值括起来。一般情况下，运动物体的线速度表示直线运动，角速度表示旋转运动，这个命令的参数表明，它会控制海龟沿 x 轴直线前进，且没有转动。

同理，下面的命令将会控制海龟沿 z 轴（垂直于计算机屏幕）旋转。

> rostopic pub -r 1 /turtle1/cmd_vel geometry_msgs/Twist'[0,0,0]' '[0,0,1]'

上述两个例子中，x 轴的线速度和 z 轴的角速度对应的是 geometry_msgs/Twist 消息中的两个分量 linear.x 和 angular.z。由于海龟是在二维的仿真界面中运动的，在 z 轴上的线速度 linear.z 和在 x 轴、y 轴上的角速度 angular.x、angular.y 是不可见的，在调试运行时这些量都置零。

在上面的示例用法中，必须记住消息类型里所有的字段以及这些字段的出现顺序。另一种方式是使用 <Tab> 键补全消息格式，其中线速度和角速度是以 YAML 字典的形式给出的，如图 4-26 所示。

图 4-26 中的光标闪烁时，可以按动左键移动光标来修改相应的值，完成后按下 <Enter> 键即可执行。

rostopic pub 命令使用 -r 来指定话题以频率模式发布消息，即以一定的时间周期发布消息。这条命令同样支持一

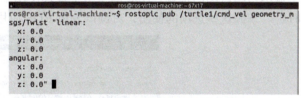

图 4-26　使用 <Tab> 键补全消息格式

次性发布的模式（-1，即数字 1）和特别的锁存模式（-l，即字母 L 的小写），锁存模式虽然也是只发布一次消息，但是会确保该话题的新订阅者也会收到消息。锁存模式是默认的模式。

同样也可以从文件中读取消息（利用 -f 参数）或者从标准的输入（把 -f 参数和消息的内容从命令中删掉）中读取消息。这两种情况下，输入应该符合 rostopic echo 命令的输出格式。

以下命令发布的消息为：x 方向线速度为 2.0，z 方向角速度为 1.8，运行后海龟的移动轨迹为圆弧，如图 4-27 所示。

> rostopic pub -1 /turtle1/cmd_vel geometry_msgs/Twist -- '[2.0,0.0,0.0]' '[0.0,0.0,1.8]'

参数 "-1" 让 rostopic 命令只发布一条消息，一个短横线表示在其后的参数是命令中的选项，"/turtle1/cmd_vel" 是话题的名称，"geometry_msgs/Twist" 是发布消息使用的消息类型；两个短横线 "--" 表示之后的参数都不是命令的选项，而是命令运行需要读取的

数值。执行上述命令后一段时间，海龟就会停止移动。如果加上参数 -r，会让海龟重复运行，其轨迹为圆周，如图 4-28 所示，命令如下：

```
rostopic pub -r /turtle1/cmd_vel geometry_msgs/Twist -- '[2.0,0.0,0.0]' '[0.0,0.0,-1.8]'
```

图 4-27　海龟做圆弧运动

图 4-28　海龟做圆周运动

打开新的终端窗口，启动 rqt_graph，单击左上角的"刷新"按钮，可以在计算图中看到消息发布者节点（此处为红色）正在与其他节点进行通信，如图 4-29 所示。

输入以下命令可以看到 turtlesim 所发布的数据：

```
rostopic echo /turtle1/pose
```

rostopic 命令的其他选项中，hz 选项用于显示某个话题上发布消息的频率，bw 选项用于显示话题占用的带宽，find 选项用于查找使用某种消息类型的话题，delay 选项用于显示时延。掌握这些选项的使用，对调试分析 ROS 应用很有帮助，请读者自行了解其用法。

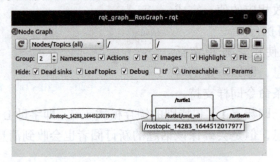

图 4-29　海龟做圆周运动的计算图

4.2.5　使用 rostopic 绘图

本节介绍如何使用 rostopic pub 命令发布 geometry_msgs/Twist 类型的消息来控制海龟运动，使其运动轨迹为图 4-30 所示的心形，以便进一步加深对 rostopic 命令用法、ROS 消息类型及消息使用的理解。

海龟在仿真界面中做平面运动，因此只需考虑运动时线速度的 x 分量和角速度的 z 分量即可，如图 4-31 所示。

使用 rostopic
命令绘图

图 4-30 海龟的心形运动轨迹

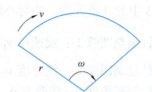

图 4-31 线速度 v 和角速度 ω 的关系

平面内同时具有线速度和角速度的物体，其运动轨迹为圆弧，在单位时间 T 内，该圆弧所在圆的半径 r 与线速度 v 和角速度 ω 之间满足等式 $r = \dfrac{v}{\omega}$。

心形轨迹由 4 段圆弧组成，如图 4-32 所示。

为降低问题复杂度，假定图 4-33 所示的心形轨迹关于 AB 对称，圆弧①和圆弧④为半圆，圆弧②和圆弧③所在的圆的圆心位于圆弧①和圆弧④的圆心连线所在的直线上，且 4 段圆弧都在单位时间内绘制完成。r_1 是圆弧①的半径，O_1 是圆弧①的圆心，r_2 是圆弧②的半径，O_2 是圆弧②的圆心，r_2 也是圆弧③的半径，O_3 是圆弧③的圆心（O_1 与 O_3 不是同一点），$AB \perp O_1O_2$，β 是圆弧②对应的角（β 的弧度值与圆弧②上的角速度 ω_2 相等），q 是从 B 点的 D_2 方向转到 D_3 方向时的转向角（D_2 是圆弧②在 B 点的切线，D_3 是圆弧③在 B 点的切线）。

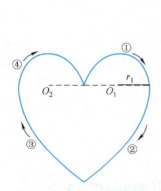

图 4-32 心形轨迹的组成

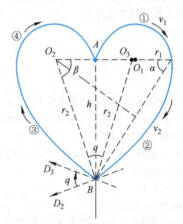

图 4-33 心形轨迹各段圆弧的数学关系

存在以下数学关系：

$$v_1T = \pi r_1, \quad v_2T = \beta r_2, \quad \tan\alpha = \frac{h}{2r_1}, \quad \sin\beta = \frac{h}{r_2}, \quad \beta = 2\left(\frac{\pi}{2} - \alpha\right)$$

由此可以得出线速度 v_1 和 v_2 满足 $v_2 = \dfrac{2(\pi - 2\alpha)\tan\alpha}{\pi\sin(\pi - 2\alpha)}v_1$，转向角 $q = \pi - 2\beta = 4\alpha - \pi$，$v_2$ 的

角速度 $\omega_2 = \beta = \pi - 2\alpha$。只要确定了线速度 v_1 和初始角 α，就可以计算出线速度 v_2、角速度 β（ω_2）和转向角 q。根据这些参数，可以使用 rostopic pub 命令发布消息来控制海龟运动，走出符合要求的曲线，最终构造出特定图案。α 的取值为 $\frac{\pi}{4} \leqslant \alpha < \frac{\pi}{2}$，即 $0.785398 \leqslant \alpha < 1.570796$，调整初始角 α 的大小即可以调整心形轨迹的圆润度。

从图 4-33 中的 A 点开始，绘制心形轨迹的步骤如下（设角速度顺时针为负）：

1）顺时针绘制圆弧①：线速度 v_1、角速度 $-\frac{\pi}{2}$。

2）顺时针绘制圆弧②：线速度 v_2、角速度 $-\beta$。

3）顺时针旋转角度 q：线速度 0、角速度 $-q$。

4）顺时针绘制圆弧③：线速度 v_2、角速度 $-\beta$。

5）顺时针绘制圆弧④：线速度 v_1、角速度 $-\frac{\pi}{2}$。

相应的 rostopic 命令如下：

```
rostopic pub -1 /turtle1/cmd_vel geometry_msgs/Twist -- '[v1,0,0]' '[0,0,-3.14159]'
rostopic pub -1 /turtle1/cmd_vel geometry_msgs/Twist -- '[v2,0,0]' '[0,0,-β]'
rostopic pub -1 /turtle1/cmd_vel geometry_msgs/Twist -- '[0,0,0]' '[0,0,-q]'
rostopic pub -1 /turtle1/cmd_vel geometry_msgs/Twist -- '[v2,0,0]' '[0,0,-β]'
rostopic pub -1 /turtle1/cmd_vel geometry_msgs/Twist -- '[v1,0,0]' '[0,0,-3.14159]'
```

为方便计算参数，建立 Python 程序文件 calculate.py，输入以下 Python 代码，保存到用户目录下。

```python
#!/usr/bin/env python
# 绘制心形轨迹参数计算
import math

if __name__=="__main__":

    v1=float(input(" 请输入线速度 v1: "))
    a=float(input(" 请输入初始角 a（0.785398<=a<1.57）: "))
    b=math.pi-2*a
    mul=2*math.tan(a)*b/(math.pi*math.sin(b))
    q=4*a-math.pi
    v2=mul*v1
    print("v1=",v1,"a=",a)
    print(" 线速度 v2=%.4f" % v2," 角速度 b=%.4f" % b, " 转向角 q=%.4f" % q)
```

运行 calculate.py 程序，计算 $v_1=3$，$\alpha=0.9$ 时绘制心形轨迹所需的参数 v_2、β 和 q 的值，如图 4-34 所示。

为简化操作，在用户目录下创建文件 draw_heart，把绘制心形轨迹的 rostopic 命令放在文件 draw_heart 中，然后使用 chmod +x draw_heart 命令给文件添加执行权限，最后运行该文件，如图 4-35 所示。

绘制的心形轨迹如图 4-36 所示，可以看到心形轨迹的心尖向左。如果希望绘制的心形轨迹的心尖向下，只需在最开始让海龟向逆时针方向旋转 $\pi/2$。

```
中                    ros@ros-virtual-machine: ~ 87x3
ros@ros-virtual-machine:~$ vi draw_heart
ros@ros-virtual-machine:~$ []
```

```
中                    ros@ros-virtual-machine: ~ 87x8
rostopic pub -1 /turtle1/cmd_vel geometry_msgs/Twist -- '[3,0,0]' '[0,0,-3.14]'
rostopic pub -1 /turtle1/cmd_vel geometry_msgs/Twist -- '[3.3156,0,0]' '[0,0,-1.3416]'
rostopic pub -1 /turtle1/cmd_vel geometry_msgs/Twist -- '[0,0,0]' '[0,0,-0.4584]'
rostopic pub -1 /turtle1/cmd_vel geometry_msgs/Twist -- '[3.3156,0,0]' '[0,0,-1.3416]'
rostopic pub -1 /turtle1/cmd_vel geometry_msgs/Twist -- '[3,0,0]' '[0,0,-3.14]'
~
"draw_heart" 5L, 416C 已写入                                5,79           全部
```

```
ros@ros-virtual-machine:~$ python3 calculate.py
请输入线速度 v1: 3
请输入初始角 a (0.785398<=a<1.57) : 0.9
v1= 3.0 a= 0.9
线速度 v2=3.3156 角速度 b=1.3416 转向角 q=0.4584
ros@ros-virtual-machine:~$ []
```

```
中                    ros@ros-virtual-machine: ~ 87x11
ros@ros-virtual-machine:~$ chmod +x draw_heart
ros@ros-virtual-machine:~$ ./draw_heart
publishing and latching message for 3.0 seconds
publishing and latching message for 3.0 seconds
publishing and latching message for 3.0 seconds
publishing and latching message for 3.0 seconds
publishing and latching message for 3.0 seconds
ros@ros-virtual-machine:~$ []
```

图 4-34 绘制心形轨迹所需的参数   图 4-35 参数 v_1=3，α=0.9 时的绘制心形轨迹命令

绘制过程中如果出错，可以运行 rosservice call /reset 命令清除轨迹并重置海龟，让海龟处于初始位置。

图 4-37 所示为参数 v_1=3、α=1.2 时计算得到的值和绘制心形轨迹的 rostopic pub 命令，其轨迹如图 4-38 所示。

```
ros@ros-virtual-machine:~$ python3 calculate.py
请输入线速度 v1: 3
请输入参数角 a (0.785398<=a<1.57) : 1.2
v1= 3.0 a= 1.2
线速度 v2=5.3934 角速度 b=0.7416 转向角 q=1.6584
ros@ros-virtual-machine:~$ []
```

```
中                    ros@ros-virtual-machine: ~ 87x8
rostopic pub -1 /turtle1/cmd_vel geometry_msgs/Twist -- '[0,0,0]' '[0,0,1.57]'
rostopic pub -1 /turtle1/cmd_vel geometry_msgs/Twist -- '[3,0,0]' '[0,0,-3.14]'
rostopic pub -1 /turtle1/cmd_vel geometry_msgs/Twist -- '[5.3934,0,0]' '[0,0,-0.7416]'
rostopic pub -1 /turtle1/cmd_vel geometry_msgs/Twist -- '[0,0,0]' '[0,0,-1.6584]'
rostopic pub -1 /turtle1/cmd_vel geometry_msgs/Twist -- '[5.3934,0,0]' '[0,0,-0.7416]'
rostopic pub -1 /turtle1/cmd_vel geometry_msgs/Twist -- '[3,0,0]' '[0,0,-3.14]'
~
"draw_heart1" 6L, 495C                                      6,1            全部
```

图 4-36 参数 v_1=3，α=0.9 时的心形轨迹   图 4-37 参数 v_1=3，α=1.2 时的绘制心形轨迹命令

请读者参考上述内容，使用 rostopic pub 命令控制海龟绘出如图 4-39 所示的轨迹图案。

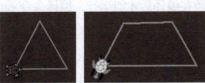

图 4-38 参数 v_1=3，α=1.2 时的心形轨迹   图 4-39 其他轨迹图案

需要注意的是，这里讨论的角的单位是弧度。

4.3　编写发布 / 订阅程序

本节介绍如何建立一个 ROS 工作空间，并且在此工作空间创建包及编写运行 ROS 程序，包括输出 "Hello World" 的示例程序，以及发布消息和订阅消息的程序。

所有的 ROS 程序都以软件包的形式组织，每个 ROS 程序都属于某个包。在编写程序之前，首先需要创建一个容纳包的工作空间，然后再创建包。

ROS 中编写的程序即便使用了不同的编程语言，其基本编写步骤依然类似，实现流程大致如下：

1）先创建一个工作空间（目录），如果工作空间已经存在，可以不用再创建。

2）创建一个功能包。

3）编辑源代码文件。

4）编辑配置文件。

5）编译并执行。

上述步骤中，不同的程序语言只是在编辑源代码文件和配置文件的实现细节上存在差异，其他步骤基本一致。本节先介绍如何使用 vim 编写 Python 程序输出 "Hello World"，接着结合 VSCode 的使用，介绍编写 ROS 程序的步骤，包括发布者程序和订阅者程序，然后详细介绍编写程序在海龟示例中绘图的分析方法和实现细节，最后介绍如何调整已创建包的依赖项。

编写简单
ROS 程序

4.3.1　Hello World

如果在前面的学习中已经创建了工作空间 catkin_ws，可以直接使用，不用再创建额外的工作空间。虽然可以在一台计算机上创建并使用多个工作空间，但是为避免存在多个工作空间情况下使用软件包时的路径混乱，最好只使用一个工作空间。

1. 创建工作空间并初始化

```
mkdir -p catkin_ws/src
cd catkin_ws
catkin_make
```

上述命令在运行后会创建一个工作空间 catkin_ws 以及 src 子目录，然后进入工作空间 catkin_ws，运行 catkin_make 命令编译工作空间。因为此时工作空间中并无 ROS 包，catkin_make 命令运行后会自动生成 build 和 devel 目录，相当于执行了初始化。需要注意的是，包里的应用程序必须在编译后才能运行，编译命令 catkin_make 则必须在工作空间目录下运行。

2. 创建包

ROS 包的命名在习惯上用小写字母开头，后面是字母、数字和下画线的组合。进入工作空间 catkin_ws 下的 src 目录，使用 catkin_create_pkg 命令创建 helloworld 包并添加依赖：

```
catkin_create_pkg helloworld roscpp rospy std_msgs
```

运行结果如图 4-40 所示。

```
ros@ros-virtual-machine: ~/catkin_ws/src 94x24
ros@ros-virtual-machine:~/catkin_ws/src$ catkin_create_pkg helloworld roscpp rospy std_msgs
Created file helloworld/package.xml
Created file helloworld/CMakeLists.txt
Created folder helloworld/include/helloworld
Created folder helloworld/src
Successfully created files in /home/ros/catkin_ws/src/helloworld. Please adjust the values in
package.xml.
ros@ros-virtual-machine:~/catkin_ws/src$
```

图 4-40　创建 helloworld 包

命令执行后，会在工作空间下生成名为 helloworld 的包，该包依赖于 roscpp、rospy 与 std_msgs，其中 roscpp 是 C++ 库，rospy 是 Python 库，std_msgs 是标准消息库。创建 ROS 包时，一般都会依赖这 3 个库。根据需要，可以添加更多的依赖，在依赖之间最少需要一个空格分隔。

helloworld 包的目录结构如图 4-41 所示，在包目录下生成了两个配置文件。

1）第一个是文件 package.xml，它是清单文件。

2）第二个是文件 CMakeLists.txt，它是一个 cmake 的脚本文件。

cmake 是一个符合工业标准的跨平台编译系统。这个文件包含了一系列的编译指令，包括应

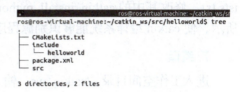

图 4-41　helloworld 包的目录结构

该生成哪种可执行文件，需要哪些源文件，以及在哪里可以找到所需的头文件和链接库。当然，CMakeLists.txt 文件表明 catkin 在内部使用了 cmake。

使用命令创建包时，在命令输入完成后最好检查无误再执行。如果命令中的依赖的名称拼写错误，这个错误的名称会被写入到自动生成的文件 CMakeLists.txt 和 package.xml 中，编译时系统会因为找不到相应的依赖而导致编译失败。初学者在创建包时，如果出现了依赖名称拼写错误的情况，可以删除包（目录），然后重新创建。

3. 添加 Python 脚本目录

helloworld 包下的 src 目录会在创建包时自动创建，其通常用于保存 C++ 代码文件。如果要使用 Python 编写代码，通常需要手动创建目录来保存 Python 代码文件，由于 Python 代码是解释执行的，也把 Python 代码文件称为 Python 脚本，因此保存 Python 脚本的目录在习惯上被命名为 scripts。

在 helloworld 目录中创建 scripts 目录，然后在 scripts 目录中使用 touch 命令创建文件 hello_world.py，如图 4-42 所示。

4. 编辑程序文件

在 scripts 目录下输入 vim hello_world.py 命令，启动 vim 编辑器，输入图 4-43 所示的 Python 代码，完成后保存退出。

```
ros@ros-virtual-machine: ~/catkin_ws/src/helloworld/scripts 94x24
ros@ros-virtual-machine:~/catkin_ws/src/helloworld$ mkdir scripts
ros@ros-virtual-machine:~/catkin_ws/src/helloworld$ cd scripts
ros@ros-virtual-machine:~/catkin_ws/src/helloworld/scripts$ touch hello_world.py
ros@ros-virtual-machine:~/catkin_ws/src/helloworld/scripts$
```

图 4-42　创建文件 hello_world.py

图 4-43　输入代码

5. 添加执行权限

进入 scripts 目录，使用 chmod +x hello_world.py 命令给 Python 程序文件 hello_world. py 添加执行权限，如图 4-44 所示。

```
ros@ros-virtual-machine: ~/catkin_ws/src/helloworld/scripts 89x21
ros@ros-virtual-machine:~/catkin_ws/src/helloworld/scripts$ chmod +x hello_world.py
ros@ros-virtual-machine:~/catkin_ws/src/helloworld/scripts$ ls
hello_world.py
ros@ros-virtual-machine:~/catkin_ws/src/helloworld/scripts$
```

图 4-44　为程序文件添加执行权限

6. 编辑配置文件

进入 helloworld 目录，使用 vim CMakeLists.txt 命令编辑 helloworld 包的文件 CMakeLists.txt，修改其中的 catkin_install_python 一节，添加源代码文件在包中的路径，如图 4-45 所示，使 catkin 编译系统能够识别源程序。

7. 编译

进入工作空间目录 ~/catkin_ws，输入 catkin_make 命令，编译该目录下的 ROS 包：

```
cd ~/catkin_ws
catkin_make
```

编译过程如图 4-46 所示。

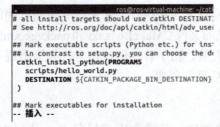

图 4-45　编辑配置文件　　　　　　　　　图 4-46　编译

请注意，catkin_make 命令必须在工作空间目录下执行才能编译工作空间中的包，若不在工作空间目录下执行会报错。因为编译命令执行时会编译工作空间目录下的所有包，所以只要有一个包中的代码有错误就会中止编译。如果希望加快编译速度，可以减少工作空间中包的数量或者单独编译某个包。

8. 执行

先启动节点管理器：

```
roscore
```

然后进入工作空间，刷新环境变量，运行如下程序：

```
cd ~/catkin_ws
source devel/setup.bash
rosrun helloworld hello_world.py
```

最后输出结果"hello world!"，如图 4-47 所示。

```
                         roscore http://ros-virtual-machine:11311/ 89x5
ros@ros-virtual-machine:~/catkin_ws$ roscore
... logging to /home/ros/.ros/log/c1fa3620-8879-11ee-b10f-17f365f583ec/
ual-machine-4720.log
Checking log directory for disk usage. This may take a while.
Press Ctrl-C to interrupt
Done checking log file disk usage. Usage is <1GB
                         ros@ros-virtual-machine: ~/catkin_ws 89x5
ros@ros-virtual-machine:~/catkin_ws$ source devel/setup.bash
ros@ros-virtual-machine:~/catkin_ws$ rosrun helloworld hello_world.py
[INFO] [1700576731.061819]: hello world!
ros@ros-virtual-machine:~/catkin_ws$
```

图 4-47　输出结果

请注意，每次新打开终端窗口并调试运行 ROS 程序时，都需要刷新工作空间下 devel 目录里的环境变量文件 setup.bash。如果不执行该操作，运行时可能会出现找不到包或找不到包里的程序的提示。为避免每次运行 ROS 程序前的手动刷新环境变量操作，可以把刷新环境变量的命令：

source ~/catkin_ws/devel/setup.bash

写入文件 ~/.bashrc 中，以后每次打开终端窗口时系统即自动刷新环境变量，如图 4-48 所示。

```
                         ros@ros-virtual-machine: ~ 84x2
ros@ros-virtual-machine:~$ echo "source ~/catkin_ws/devel/setup.bash" >> .bashrc
ros@ros-virtual-machine:~$
                         ros@ros-virtual-machine: ~ 84x11
# sources /etc/bash.bashrc).
if ! shopt -oq posix; then
  if [ -f /usr/share/bash-completion/bash_completion ]; then
    . /usr/share/bash-completion/bash_completion
  elif [ -f /etc/bash_completion ]; then
    . /etc/bash_completion
  fi
fi
source /opt/ros/noetic/setup.bash
source ~/catkin_ws/devel/setup.bash
```

图 4-48　编辑文件 ~/.bashrc

4.3.2　发布 / 订阅字符消息

本节介绍如何使用 VSCode 编写消息发布和订阅程序，即实现发布者以 1Hz 的频率发布字符消息，订阅者订阅消息并将消息内容打印输出的功能。

编写发布订阅程序

实现上述功能需要注意以下几点：分别编写发布者程序和订阅者程序，发布者程序和订阅者程序都需要使用 std_msgs/String 消息类型来发送和接收字符串，发布者程序和订阅者程序需要设置相同的话题（即自定义话题名称）。

实现的基本步骤如下：

1）创建包。

2）编写发布者程序。

3）编写订阅者程序。

4）为 Python 文件添加可执行权限。

5）编辑配置文件。

6）编译并执行。

1. 创建包

打开终端窗口，在工作空间 catkin_ws 目录下输入 code .（注意，code 后面应有空格，该命令表示在当前目录启动 VSCode）。在 VSCode 启动后，右击工作空间目录下 src 目录，选择"Create Catkin Package"新建包，如图 4-49 所示。

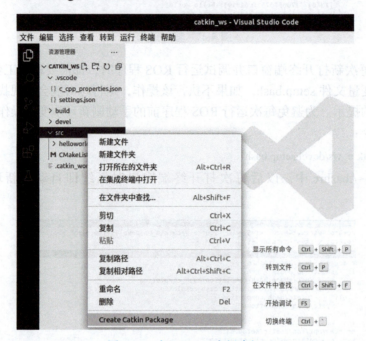

图 4-49　在 VSCode 中新建包

输入包名"test1"后按 <Enter> 键，如图 4-50 所示。

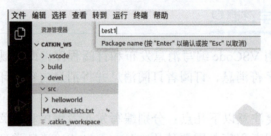

图 4-50　输入包名"test1"

然后输入依赖项 roscpp、rospy 和 std_msgs，注意依赖项之间要用空格分隔，如图 4-51 所示，确认无误后按 <Enter> 键，创建 test1 包。

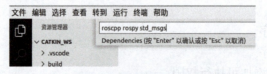

图 4-51　输入依赖项

在 test1 包下创建 scripts 子目录，用于存放 Python 代码文件，如图 4-52 所示。

2. 编写发布者程序

发布者程序的功能是循环发布字符串 Hello World，后面再跟上不断增加的数字编号。

发布者程序的实现流程如下：

1）导包。

2）初始化 ROS 节点并命名。

3）实例化发布者对象。

4）组织要发布的数据，并编写实现发布数据的代码。

选中 scripts 子目录，单击鼠标右键，在弹出的菜单中选择"新建文件"，创建文件 talker.py，如图 4-53 所示。

图 4-52　创建 scripts 子目录

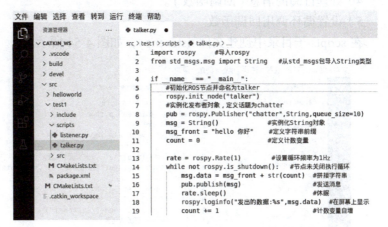

图 4-53　创建文件 talker.py

文件 talker.py 的内容如下：

```
import rospy                                      # 导入 rospy
from std_msgs.msg import String                   # 从 std_msgs 包导入 String 类型


if _ _name_ _ == "_ _main_ _":
    # 初始化 ROS 节点并命名为 talker
    rospy.init_node("talker")
    # 实例化发布者对象，定义话题为 chatter
    pub = rospy.Publisher("chatter",String,queue_size=10)
    msg = String()                                # 实例化 String 对象
    msg_front = "hello 你好 "                      # 定义字符串前缀
    count = 0                                      # 定义计数变量

    rate = rospy.Rate(1)                           # 设置循环频率为 1Hz
    while not rospy.is_shutdown():                 # 节点未关闭执行循环
        msg.data = msg_front + str(count)          # 拼接字符串
        pub.publish(msg)                           # 发送消息
        rate.sleep()                               # 休眠
        rospy.loginfo(" 发出的数据：%s",msg.data)   # 在屏幕上显示
        count += 1                                 # 计数变量自增
```

在代码行 pub = rospy.Publisher("chatter"，String，queue_size=10) 中，调用 rospy 包的 Publisher 函数初始化发布者对象，第一个参数是话题名，第二个参数是该话题使用的消息类型，第三个参数是消息队列的长度。

3. 编写订阅者程序

接下来编写订阅者程序（listener.py），订阅 chatter 话题并打印收到的消息，其流程为：
1）导包。
2）初始化 ROS 节点并命名。
3）实例化订阅者对象。
4）处理订阅的消息 (回调函数)。
5）设置循环调用回调函数。
在 scripts 子目录中创建文件 listener.py，如图 4-54 所示。

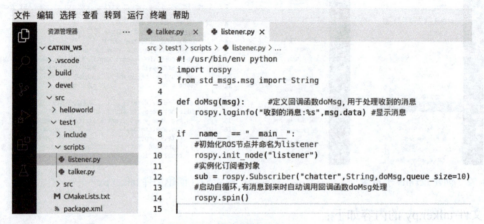

图 4-54　创建文件 listener.py

文件 listener.py 的内容如下：

```
#! /usr/bin/env python
import rospy
from std_msgs.msg import String

def doMsg(msg):    # 定义回调函数 doMsg, 用于处理收到的消息
    rospy.loginfo(" 收到的消息 : %s",msg.data) # 显示消息

if __name__ == "__main__":
    # 初始化 ROS 节点并命名为 listener
    rospy.init_node("listener")
    # 实例化订阅者对象
    sub = rospy.Subscriber("chatter",String,doMsg,queue_size=10)
    # 启动自循环，有消息到来时自动调用回调函数 doMsg 处理
    rospy.spin()
```

程序代码中的实例化订阅者对象是通过调用 rospy 的 Subscriber 函数来实现的。调用该函数必须指定话题名（与发布者程序相同）、消息类型和回调函数名。订阅者程序运行

后，如果没有消息到来，程序会在 rospy.spin() 处进入阻塞状态。如果有消息到来，程序会调用回调函数 doMsg。在此处理过程中，消息会自动传递给回调函数 doMsg 的参数 msg。

右击 scripts 子目录，选择"在集成终端中打开"，如图 4-55 所示。

然后在下方的终端窗口中执行 chmod +x *.py 来添加执行权限，如图 4-56 所示。

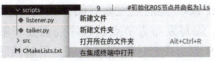

图 4-55　打开 VSCode 集成终端窗口

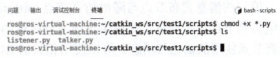

图 4-56　添加执行权限

接下来单击 test1 目录下的文件 CMakeLists.txt，在 162~166 行的 catkin_install_python 一节，去掉前方的注释符号"#"，然后在 163 和 164 行添加程序文件 talker.py 和 listener.py 在包中的路径，如图 4-57 所示。

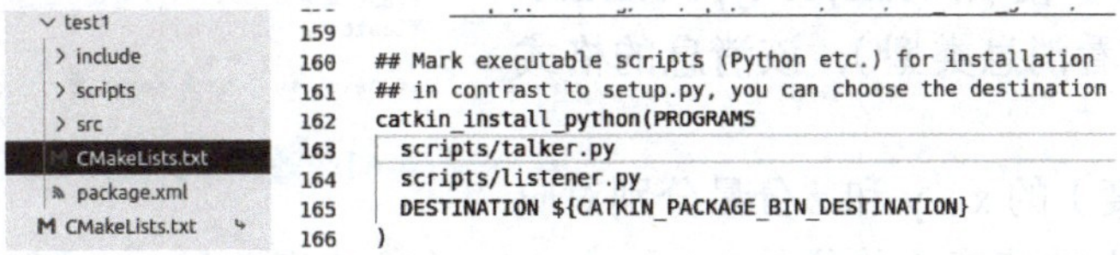

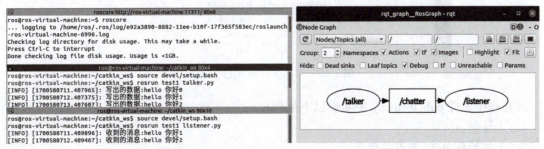

图 4-57　编辑文件 CMakeLists.txt

修改后的 catkin_install_python 一节内容如下：

```
catkin_install_python(PROGRAMS
    scripts/talker.py
    scripts/listener.py
    DESTINATION ${CATKIN_PACKAGE_BIN_DESTINATION}
)
```

4. 编译执行

除了在工作空间目录下使用 catkin_make 命令编译外，在 VSCode 中还可以使用快捷键 <Ctrl+Shift+B>，然后在弹出的菜单中选择"catkin_make：build"来编译包，如图 4-58 所示。

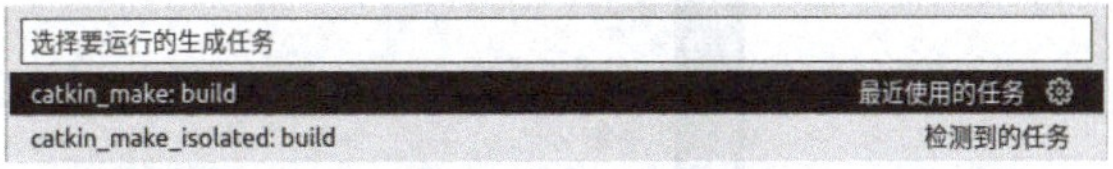

在编译通过后，开启新的终端窗口，依次启动 roscore、订阅者节点和发布者节点。

图 4-58　使用快捷键 <Ctrl+Shift+B> 来编译包

程序的运行结果如图 4-59 所示。另开一个终端窗口，输入 rqt_graph，由此查看如图 4-60 所示的节点计算图。

图 4-59　程序的运行结果

图 4-60　程序的节点计算图

4.3.3 海龟做圆周运动

本节介绍如何使用 VSCode 编写发布者程序，并在运行后发送消息控制海龟做圆周运动。

编写的消息发布节点与海龟仿真节点 turtlesim_node 是通过发布订阅模式实现通信的，海龟仿真节点订阅消息，并在接收到消息后运动。编写发布者节点的程序前需要了解海龟仿真节点使用的话题与消息，可以使用相关的 ROS 命令或者计算图来获取。了解话题与消息之后，按照订阅发布消息的实现逻辑编写 Python 代码予以实现即可。

前面的学习中，已经了解到海龟仿真节点的话题名为 /turtle1/cmd_vel（使用 rostopic list 命令可列出话题）、使用的消息类型为 geometry_msgs/Twist（使用 rostopic type /turtle1/cmd_vel 命令可查看消息类型），该消息的格式如图 4-61 所示。

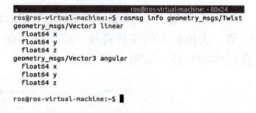

图 4-61　查看 geometry_msgs/Twist 消息的格式

linear（线速度）的 x、y 和 z 分量分别对应在 x、y 和 z 方向上的速度（单位是 m/s）; angular（角速度）的 x、y 和 z 分量分别对应 x 轴的滚转速度、y 轴的俯仰速度和 z 轴的偏航速度（单位是 rad/s）。由于海龟仿真是平面运动，线速度的 y、z 分量和角速度的 x、y 分量无意义，在程序中全部置 0。

1. 编写发布者程序

在 VSCode 中创建名为 test2 的包，创建步骤与 4.3.2 节介绍的步骤相同。程序中会使用 geometry_msgs 包的 Twist 消息，需要在依赖中加上 geometry_msgs，因此创建的 test2 包有 4 项依赖：roscpp、rospy、std_msgs 和 geometry_msgs。在 test2 包的 src 目录下创建 scripts 子目录，在 scripts 子目录中创建程序文件 pub_msgs.py，如图 4-62 所示。

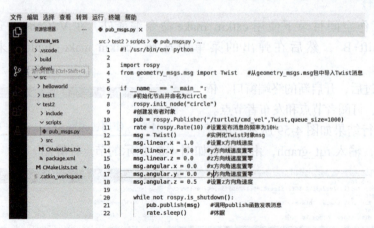

图 4-62　程序文件 pub_msgs.py

在程序文件 pub_msgs.py 中实现以下流程：

1）导包。

2）初始化 ROS 节点并命令。

3）创建发布者对象。

4）循环发布运动控制消息。

程序文件 pub_msgs.py 内容如下：

```python
#! /usr/bin/env python


import rospy
from geometry_msgs.msg import Twist  # 从 geometry_msgs.msg 包中导入 Twist 消息


if __name__ == "__main__":
    # 初始化节点并命名为 circle
    rospy.init_node("circle")
    # 创建发布者对象
    pub = rospy.Publisher("/turtle1/cmd_vel",Twist,queue_size=1000)
    rate = rospy.Rate(10)        # 设置发布消息的频率为 10Hz
    msg = Twist()                # 实例化 Twist 对象 msg
    msg.linear.x = 1.0           # 设置 x 方向线速度
    msg.linear.y = 0.0           # y 方向线速度置零
    msg.linear.z = 0.0           # z 方向线速度置零
    msg.angular.x = 0.0          # x 方向角速度置零
    msg.angular.y = 0.0          # y 方向角速度置零
    msg.angular.z = 0.5          # 设置 z 方向角速度


    while not rospy.is_shutdown():
        pub.publish(msg)         # 调用 publish 函数发表消息
        rate.sleep()             # 休眠
```

单击 test2 目录下的文件 CMakeLists.txt，去掉 163~166 行的 catkin_install_python 一节前方的注释符号 "#"，然后在约 164 行添加程序文件 pub_msgs.py 在包中的路径，如图 4-63 所示。

右击 scripts 目录，选择"在集成终端中打开"，如图 4-64 所示。

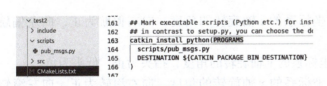

图 4-63　编辑配置文件 　　　　　　　图 4-64　选择"在集成终端中打开"

输入 chmod +x *.py 命令，给 Python 程序文件添加执行权限，如图 4-65 所示。

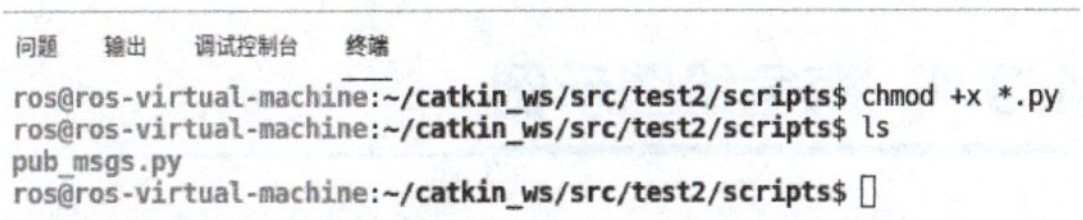

2. 编译运行

在工作空间目录 ~/catkin_ws 下执行 catkin_make 命令开始编译，或在 VSCode 中使用快捷键 <Ctrl+Shift+B> 开始编译，如图 4-66 所示。

图 4-65　添加执行权限

编译通过后，启动 roscore，再启动海龟仿真节点，然后运行 pub_msgs.py 程序，如

图 4-67 所示。如果提示找不到 test2 包或 pub_msgs.py 程序，或者不能使用 <Tab> 键补全包名和 pub_msgs.py 程序文件名，需要先运行 source ~/catkin_ws/devel/setup.bash 命令刷新环境变量，或者重新打开一个终端窗口来运行。

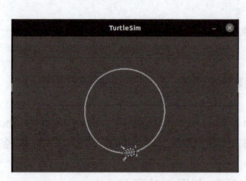

图 4-66　编译运行

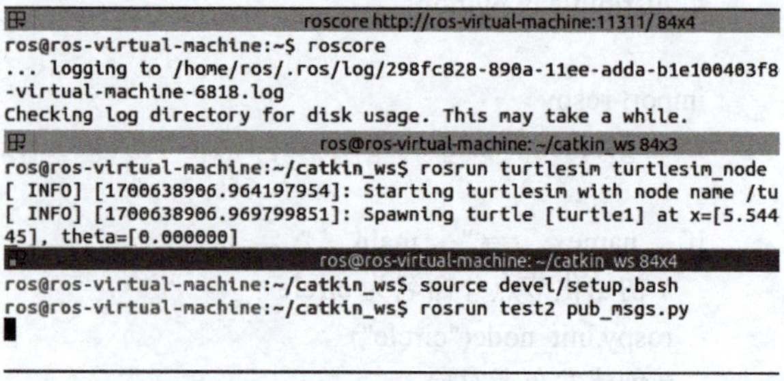

图 4-67　运行程序

程序运行效果如图 4-68 所示。

3. 偏航、滚转与俯仰

如图 4-69 所示，偏航角、俯仰角和滚转角的含义如下：

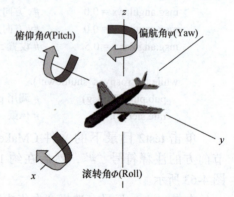

图 4-68　程序运行效果

图 4-69　偏航、滚转与俯仰

1）偏航角 ψ（Yaw）是沿大地坐标系的 z 轴旋转的角度，向右偏航为正，向左偏航为负。

2）俯仰角 θ（Pitch）是沿自身坐标系的 y 轴旋转的角度，抬头为正，低头为负。

3）滚转角 $\varPhi$（Roll）是沿自身坐标系的 x 轴旋转的角度，向右滚转为正，向左滚转为负。

4.3.4　海龟绘图示例

本节介绍如何编写程序控制海龟绘制如图 4-70 所示的五角星和月形图案。

1. 绘制五角星

如图 4-71 所示，绘制五角星可以看成是重复 5 次绘制 $\angle MNP$，$\angle MNP$ 的绘制过程为：沿着 MN 方向做直线运动，到达 N 点后顺时针旋转角度 e，然后沿着 NP 方向做直线运动，

到达 P 点后逆时针旋转角度 d，至此完成一个角的绘制，其中 $MN = NP$。继续重复以上操作即可完成五角星的绘制。只要确定了 MN 的长度 l、顺时针旋转角度 e 和逆时针旋转角度 d，就可以绘制出一个角。

图 4-70　海龟绘制五角星、月形图案

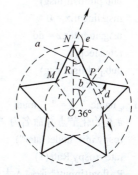

图 4-71　五角星的数学关系

R 为五角星外侧 5 个点所在圆的半径，r 为五角星内侧 5 个点所在圆的半径，O 为圆心，ON 平分 $\angle MNP$，$a = \angle ONP = \dfrac{1}{2} \angle MNP$，$b = \angle NOP = \dfrac{1}{2} \angle MOP$。根据其几何关系可以得出

$$e = \pi - 2a$$

$$d = \pi - 2(a+b)$$

根据数学原理，已知两边和夹角，第三边 MN 可由以下公式计算

$$NM = l = \sqrt{(R^2 + r^2 - 2Rr\cos b)}, \quad a = \arccos\left(\frac{R^2 + l^2 - r^2}{2Rl}\right), (r < R)$$

因为绘制的是五角星，所以 b 是常量，$b = 36°$ ($\pi/5$)。

综上可知，绘制五角星所需的参数 l、e、d 可由 R 和 r 的值确定，由此编写的绘制五角星的 Python 程序文件 draw_star.py 如下：

```python
#! /usr/bin/env python
# 绘制五角星
import rospy
import math
from geometry_msgs.msg import Twist

def drawPart(ll,dd,ee):          # 绘制一个角
    pub = rospy.Publisher("/turtle1/cmd_vel",Twist,queue_size=1000)
    msg = Twist()                # 实例化 Twist 对象 msg
    msg.linear.x = ll            # 绘制角的一条边
    msg.angular.z = 0
    rate.sleep()                 # 发布消息前休眠
    pub.publish(msg)
    msg.linear.x = 0
    msg.angular.z = -ee          # 顺时针旋转
    rate.sleep()
    pub.publish(msg)
```

```
        msg.linear.x = ll              #绘制另一条边
        msg.angular.z = 0
        rate.sleep()
        pub.publish(msg)
        msg.linear.x = 0
        msg.angular.z = dd             # 逆时针旋转
        rate.sleep()
        pub.publish(msg)


if _ _name_ _ == "_ _main_ _":
    # 初始化节点并命名为 "star"
    rospy.init_node("star")
    rate=rospy.Rate(1)              # 频率必须设置为 1Hz
    R=float(input(" 请输入大圆半径 R:"))
    r=float(input(" 请输入小圆半径 r(r<R):"))
    l=math.sqrt(R*R+r*r−2*R*r*math.cos(math.pi*36/180))   #计算线速度
    a=math.acos((R*R+l*l−r*r)/(2*R*l))
    d=math.pi-2*(a+math.pi*36/180)       # 计算逆时针旋转角
    e=math.pi-2*a                        # 计算顺时针旋转角

    for i in range(5):  # 重复 5 次
        rate.sleep()
        drawPart(l,d,e)
```

在 4.3.3 节创建的 test2 包的 scripts 子目录下新建程序文件 draw_star.py 并输入上述内容，如图 4-72 所示。

修改文件 CMakeLists.txt，添加程序文件 draw_star.py 的路径，如图 4-73 所示。

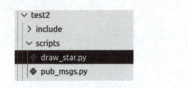

图 4-72　新建程序文件 draw_star.py

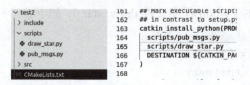

图 4-73　添加文件 draw_star.py 的路径

然后给程序文件 draw_star.py 添加执行权限。完成后编译，最后启动海龟仿真程序，新打开一个终端窗口，输入命令刷新环境变量后运行 draw_star.py 绘制五角星，如图 4-74 所示。

2. 绘制月形

如图 4-75 所示，绘制月形时，从 A 点开始以 v_1 逆时针沿圆弧运动到 B 点，到达 B 点时的方向为 D_1，然后逆时针旋转到 D_2 方向，再以 v_2 顺时针沿圆弧运动回到 A 点。r_1 是右侧圆弧的半径，O_1 是其圆心，α 是右侧圆弧对应的角；r_2 是左侧圆弧的半径，O_2 是其圆心，β 是左侧圆弧对应的角。为了简化问题，设沿圆弧运动和旋转的时间均为单位时间。分析其几何关系，有以下等式成立

图 4-74　不同参数的五角星绘制效果

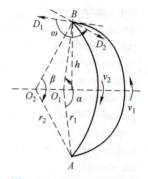

图 4-75　月形的数学关系

$$v_1T=\alpha r_1,\ v_2T=\beta r_2,\ \sin\frac{\alpha}{2}=\frac{h}{r_1},\ \sin\frac{\beta}{2}=\frac{h}{r_2}$$

$$v_2=\frac{\beta\sin\dfrac{\alpha}{2}}{\alpha\sin\dfrac{\beta}{2}}v_1\quad \alpha,\beta\in(0,\pi)\text{且}\alpha>\beta$$

旋转角为

$$\omega=\frac{\pi}{2}+\left(\frac{\pi}{2}-\frac{\alpha-\beta}{2}\right)=\frac{2\pi+\beta-\alpha}{2}$$

只要确定了 α、β 和 v_1 的值，就可以绘制出月形。绘制月形的 Python 程序文件 draw_moon.py 如下：

```
#! /usr/bin/env python
# 绘制月形
import rospy
import math
from geometry_msgs.msg import Twist

if __name__ == "__main__":
    # 初始化节点并命名为"moon"
    rospy.init_node("moon")
    rate=rospy.Rate(1)            # 频率必须设置为 1Hz
    v1=float(input(" 请输入 v1:"))
    a=float(input(" 请输入 a (0,3.14):"))
    b=float(input(" 请输入 b (b<a):"))
    v2=b*math.sin(a/2)/(a*math.sin(b/2))*v1
    w=(2*math.pi+b-a)/2

    pub = rospy.Publisher("/turtle1/cmd_vel",Twist,queue_size=1000)
    msg = Twist()                 # 实例化 Twist 对象 msg
    rate.sleep()
```

107

```
msg.linear.x = v1          #绘制右侧圆弧
msg.angular.z = a
rate.sleep()               #发布消息前休眠
pub.publish(msg)
msg.linear.x = 0
msg.angular.z = w          #逆时针旋转
rate.sleep()
pub.publish(msg)
msg.linear.x = v2          #绘制左侧圆弧
msg.angular.z = −b         #顺时针旋转
rate.sleep()
pub.publish(msg)
```

仍然在 4.3.3 节创建的 test2 包的 scripts 子目录下新建程序文件 draw_moon.py 并输入上述内容，然后修改文件 CMakeLists.txt，添加程序文件 draw_moon.py 的路径，并给程序文件 draw_moon.py 添加执行权限，最后编译运行，如图 4-76 所示。

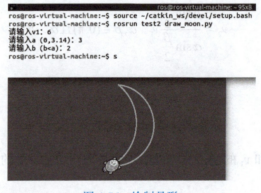

图 4-76　绘制月形

4.3.5　获取海龟位姿

本节介绍如何编写 Python 程序实现在海龟运动时，实时打印当前海龟的位姿（即仿真窗口中海龟的坐标和朝向）。通过本节的学习加深对编写订阅程序步骤的理解。

1. 功能分析

启动海龟仿真节点，然后启动键盘控制节点控制海龟的运动。由于海龟在运动时会通过 /turtle1/pose 话题发布海龟位姿，编写订阅者程序订阅该话题即可获得海龟位姿数据，然后输出即可。要顺利订阅话题和输出信息，需要知道话题名称以及消息类型。可以通过 rosmsg info turtlesim/Pose 命令获取话题名称与消息类型的详情，如图 4-77 所示。

图 4-77　话题名称与消息类型的详情

从图 4-77 中可以看出，话题名称为 /turtle1/pose，消息类型为 turtlesim/Pose，turtlesim/Pose 消息中有 5 个量，所需要的坐标和朝向也在里面。

2. 编写订阅者程序

在 VSCode 中创建包 test3，其依赖的功能包有 roscpp、rospy、std_msgs 和 turtlesim。在 test3 包的 src 目录下创建 scripts 子目录，在 scripts 子目录中创建程序文件 sub_pose.py，如图 4-78 所示。

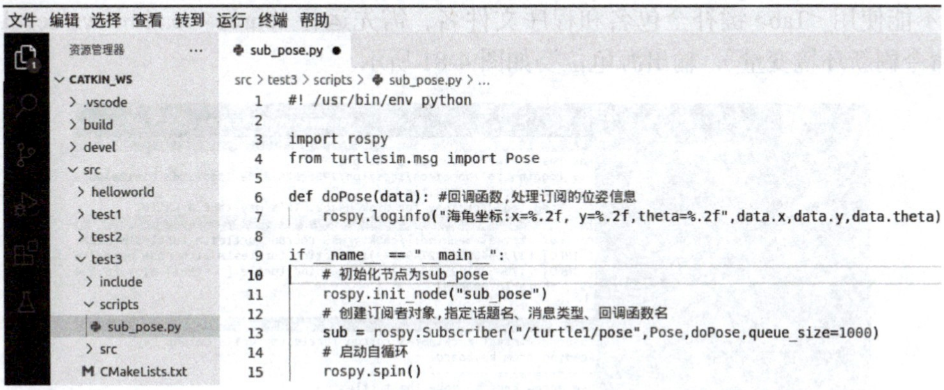

图 4-78　程序文件 sub_pose.py

在程序文件 sub_pose.py 中实现订阅海龟位姿并打印输出，其内容如下：

```
#! /usr/bin/env python

import rospy
from turtlesim.msg import Pose

def doPose(data): # 回调函数 , 处理订阅的位姿信息
    rospy.loginfo(" 海龟坐标 : x=%.2f,y=%.2f,theta=%.2f",data.x,data.y,data.theta)

if _ _name_ _ == "_ _main_ _":
    # 初始化节点为 sub_pose
    rospy.init_node("sub_pose")
    # 创建订阅者对象 , 指定话题名、消息类型和回调函数名
    sub = rospy.Subscriber("/turtle1/pose",Pose,doPose,queue_size=1000)
    # 启动自循环
    rospy.spin()
```

修改配置文件 CMakeLists.txt，添加程序文件 sub_pose.py 在包中的路径，如图 4-79 所示。

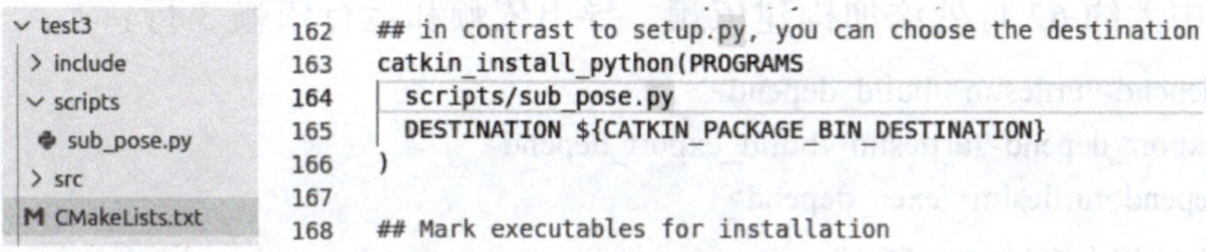

图 4-79　修改配置文件

为程序文件 sub_pose.py 添加执行权限，如图 4-80 所示。

在工作空间目录 ~/catkin_ws 下执行 catkin_make 命令开始编译，或在 VSCode 中使用快捷键 <Ctrl+Shift+B> 开始编译。

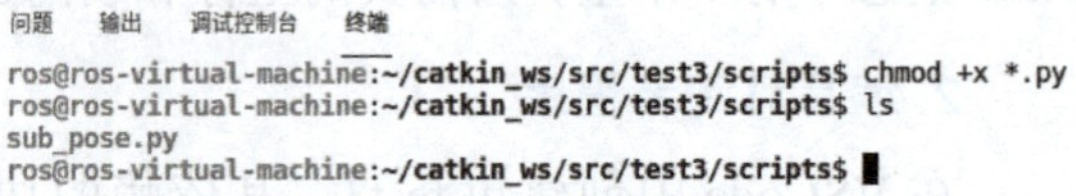

图 4-80　添加执行权限

3. 运行

确保已经启动 roscore、海龟仿真节点和键盘控制节点，然后启动海龟位姿订阅节点（如果不能使用 <Tab> 键补全包名和程序文件名，需先运行 source ~/catkin_ws/devel/setup. bash 命令刷新环境变量），输出海龟位姿如图 4-81 所示。

图 4-81　输出海龟位姿

4.3.6　调整包依赖项

通常，包依赖项是在创建包时指定的。如果发现已经创建好的包的指定依赖项有错误或者需要增加，除了删除该包后重新创建外，也可以通过修改包中的文件 package.xml 和 CMakeLists.txt 来更正依赖项。

在 4.3.1 节中已经创建了 helloworld 包，其依赖于 roscpp、rospy 和 std_msgs。现在需要在 helloworld 包中增加依赖项 turtlesim，以便在 helloworld 包中编码实现海龟运动的控制。

在已经存在的包中增加新的依赖项时，需要修改 package.xml 和 CMakeLists.txt。

1. 修改文件 package.xml

修改 helloworld 包中的文件 package.xml，添加 turtlesim 到 <build_depend>（构建依赖）、<build_export_depend>（导出依赖）和 <exec_depend>（运行依赖）中，即在文件 package.xml 中大约 62 行处添加构建依赖、导出依赖和运行依赖 3 行：

```
<build_depend>turtlesim</build_depend>
<build_export_depend>turtlesim</build_export_depend>
<exec_depend>turtlesim</exec_depend>
```

编辑后的效果如图 4-82 所示。

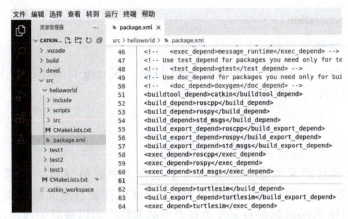

图 4-82　添加构建依赖、导出依赖和运行依赖

2. 修改文件 CMakeLists.txt

在文件 CMakeLists.txt 的 find_package 一节（大约 14 行处）添加要增加的依赖项 turtlesim，如图 4-83 所示。

在 catkin_package 一节（大约 109 行处）处去掉行首的注释符"#"，在行尾添加要增加的依赖项 turtlesim，如图 4-84 所示。

图 4-83　在 find_package 一节添加依赖项　　　　图 4-84　在 catkin_package 一节添加依赖项

完成后保存文件并重新编译即可。如果要添加多个依赖项，每增加一个依赖项，就需在文件 package.xml 中增加 3 行构建依赖、导出依赖和运行依赖，同时在文件 CMakeLists.txt 中的相应位置增加该依赖项的名称。

▼ 4.4　创建自定义消息

ROS 中的消息存放在扩展名为 .msg 的消息文件中，在机器人应用系统开发中，常常需要创建自定义消息，本节即介绍如何创建自定义消息。创建自定义消息的实现流程为：按照固定格式创建 .msg 文件、编辑配置文件、编译生成可以被 Python 或 C++ 调用的中间文件。在创建自定义消息时，可以单独建立一个包来存放这些自定义消息文件，也可以在某个包中建立子目录（通常命名为 msg）来存放自定义消息文件。

创建与使用自定义消息

4.4.1　自定义消息类型

本节介绍创建自定义消息类型 Person，其中包含人的姓名、年龄和身高信息。建立名为 test_message 的包来存放自定义消息文件 Person.msg，其依赖项为：roscpp、rospy、std_ msgs 和 message_generation。

1. 定义 .msg 文件

创建 test_message 功能包，然后新建 msg 目录，在 msg 目录中添加文件 Person.msg，并在其中输入以下内容，如图 4-85 所示。

```
string name
uint16 age
float64 height
```

上述内容表示自定义消息类型 Person 中包含 3 个成员变量，分别是 string 型变量 name、uint16 型变量 age 和 float64 型变量 height。这里存放自定义消息类型的文件是 Person.msg，其文件名称 Person 就是自定义消息类型的名称，可以被其他包使用。

2. 编辑配置文件

要编辑的配置文件为 package.xml 和 CMakeLists.txt。

（1）添加运行依赖

在文件 package.xml 的 63~64 行处添加以下内容，如图 4-86 所示。

```
<exec_depend>message_generation</exec_depend>
<exec_depend>message_runtime</exec_depend>
```

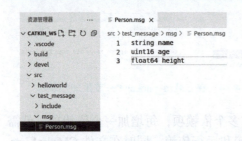

图 4-85 添加文件 Person.msg

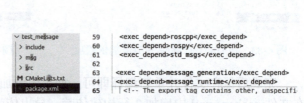

图 4-86 添加运行依赖 message_runtime 包

添加的这两行表示自定义消息类型时的运行依赖。

（2）添加 .msg 文件

在文件 CMakeLists.txt 的 51~55 行处取消 add_message_files 一节的注释符 "#"，在 53 行处设置要生成的自定义消息文件名为 Person.msg，代码如下：

```
add_message_files(
    FILES
    Person.msg
)
```

实际效果如图 4-87 所示。

（3）设置生成消息时的依赖项

在文件 CMakeLists.txt 的 72~75 行处取消 generate_messages 一节的注释符 "#"，确保在 73 行处的依赖项为 std_msgs，代码如下：

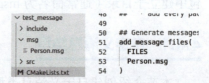

图 4-87 添加 .msg 文件

```
generate_messages(
    DEPENDENCIES
    std_msgs
)
```

实际效果如图 4-88 所示。

（4）设置运行依赖

在文件 CMakeLists.txt 的约 109 行处修改 catkin_package 一节，取消 CATKIN_DEPENDS 行首的注释符，并在行尾添加 message_runtime，代码如下：

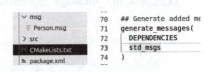

图 4-88　设置生成消息时的依赖项

```
catkin_package(
#  INCLUDE_DIRS include
#  LIBRARIES test_message
    CATKIN_DEPENDS message_generation roscpp rospy std_msgs message_runtime
#  DEPENDS system_lib
)
```

实际效果如图 4-89 所示。

```
104    ## CATKIN_DEPENDS: catkin_packages dependent projects also need
105    ## DEPENDS: system dependencies of this project that dependent projects al
106    catkin_package(
107    #  INCLUDE_DIRS include
108    #  LIBRARIES test_message
109    |  CATKIN_DEPENDS message_generation roscpp rospy std_msgs message_runtime
110    #  DEPENDS system_lib
111    )
```

图 4-89　设置运行依赖

3. 编译

配置文件修改完成并保存后，在 VSCode 中按下 <Ctrl+Shift+B> 键编译。编译通过后，可在 catkin_ws 目录的 devel 目录下看到生成了可以被 C++ 和 Python 调用的文件，如图 4-90 所示。

可被 C++ 调用的文件为 catkin_ws/devel/include/test_message/Person.h。

可被 Python 调用的文件为 catkin_ws/devel/lib/python3/dist-packages/test_message/msg。

需要注意的是，自定义消息的文件名就是自定义消息的类型名，且区分大小写。本例中，这个自定义消息类型为 Person。

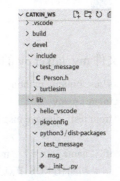

图 4-90　编译生成的自定义消息文件

4.4.2　使用自定义消息

本节介绍如何编写发布订阅程序并使用自定义消息，实现发布方以 1Hz 的频率发布 4.4.1 节创建的自定义消息 Person，订阅方订阅 Person 消息并将消息内容打印输出。

创建一个名为 test_my_message 的包，其依赖项为 roscpp、rospy、std_msgs 和 test_message，其中 test_message 是之前创建的自定义消息包。

1. 创建 test_my_message 包

在 VSCode 中，右击工作空间 catkin_ws 目录下的 src 目录，选择"Create Catkin Package"，创建 test_my_message 包，如图 4-91 所示。

设置 test_my_message 包的依赖项，如图 4-92 所示。

图 4-91　创建 test_my_message 包　　　　图 4-92　设置 test_my_message 包的依赖项

然后在 test_my_message 包下创建 scripts 目录。

2. 编写发布者程序 my_talker.py

在 scripts 子目录下创建文件 my_talker.py 并输入代码，如图 4-93 所示。

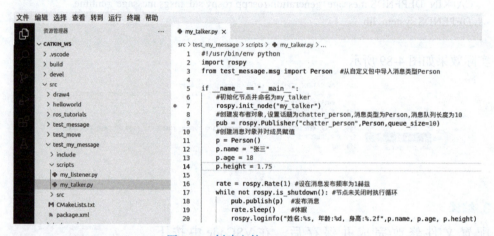

图 4-93　创建文件 my_talker.py

文件 my_talker.py 的内容如下：

```python
#!/usr/bin/env python
import rospy
from test_message.msg import Person  # 从自定义包 test_message 中导入消息类型 Person

if __name__ == "__main__":
    # 初始化 ROS 节点并命名为 my_talker
    rospy.init_node("my_talker")
    # 创建发布者对象,设置话题为 chatter_person,消息类型为 Person,消息队列长度为 10
    pub = rospy.Publisher("chatter_person",Person,queue_size=10)
    # 创建消息对象并对成员赋值
    p = Person()
    p.name = " 张三 "
    p.age = 18
    p.height = 1.75

    rate = rospy.Rate(1)# 设置消息发布频率为 1Hz
```

```
while not rospy.is_shutdown(): # 节点未关闭时执行循环
    pub.publish(p)   # 发布消息
    rate.sleep()   # 休眠
    rospy.loginfo(" 姓名 : %s, 年龄 : %d, 身高 : %.2f", p.name, p.age, p.height)
```

3. 编写订阅者程序 my_listener.py

在 scripts 子目录下创建文件 my_listener.py 并输入代码，如图 4-94 所示。

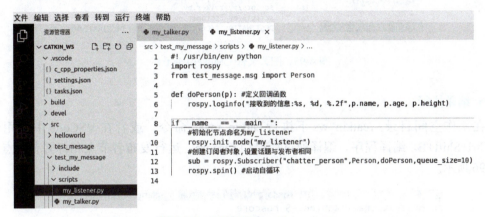

图 4-94　创建文件 my_listener.py

文件 my_listener.py 的内容如下 :

```
#! /usr/bin/env python
import rospy
from test_message.msg import Person   # 从自定义包 test_message 中导入消息类型 Person

def doPerson(p): # 定义回调函数
    rospy.loginfo(" 接收到的信息 : %s,%d,%.2f",p.name,p.age,p.height)

if __name__ == "__main__":
    # 初始化节点并命名为 my_listener
    rospy.init_node("my_listener")
    # 创建订阅者对象 , 设置话题与发布者相同
    sub = rospy.Subscriber("chatter_person",Person,doPerson,queue_size=10)
    rospy.spin() # 启动自循环
```

4. 设置执行权限

右击 scripts 子目录，选择 "在集成终端中打开"，然后在下方的终端窗口中执行 chmod +x *.py 命令，给 Python 程序文件添加执行权限。

5. 配置文件 CMakeLists.txt

把 Python 程序文件路径添加到 catkin_install_python 一节 :

```
catkin_install_python(PROGRAMS
    scripts/my_talker.py
    scripts/my_listener.py
```

```
      DESTINATION ${CATKIN_PACKAGE_BIN_DESTINATION}
    )
```

实际效果如图 4-95 所示。

```
∨ test_my_message          159   # See http://ros.org/doc/api/catkin/html/adv_use
  > include                160
  ∨ scripts                161   ## Mark executable scripts (Python etc.) for ins
    🐧 my_listener.py       162   ## in contrast to setup.py, you can choose the de
    🐧 my_talker.py         163   catkin_install_python(PROGRAMS
  > src                    164     scripts/my_talker.py
  Ⓜ CMakeLists.txt         165     scripts/my_listener.py
  📄 package.xml            166     DESTINATION ${CATKIN_PACKAGE_BIN_DESTINATION}
                           167   )
```

图 4-95　配置文件 CMakeLists.txt

6. 编译执行

在工作空间目录 ~/catkin_ws 下执行 catkin_make 命令，或者在 VSCode 中使用快捷键 <Ctrl+Shift+B> 编译程序。编译通过后启动 roscore，运行发布者节点和订阅者节点，如图 4-96 所示。

```
                    roscore http://ros-virtual-machine:11311/ 80x5
ros@ros-virtual-machine:~$ roscore
... logging to /home/ros/.ros/log/f34bbb58-26bd-11ef-883a-6797b0a
-ros-virtual-machine-4452.log
Checking log directory for disk usage. This may take a while.
Press Ctrl-C to interrupt
                         ros@ros-virtual-machine: ~ 80x5
ros@ros-virtual-machine:~$ source ~/catkin_ws/devel/setup.bash
ros@ros-virtual-machine:~$ rosrun test_my_message my_talker.py
[INFO] [1717978348.650457]: 姓名:张三，年龄:18, 身高:1.75
[INFO] [1717978349.650081]: 姓名:张三，年龄:18, 身高:1.75
[INFO] [1717978350.650073]: 姓名:张三，年龄:18, 身高:1.75
                       ros@ros-virtual-machine: ~ 80x11
ros@ros-virtual-machine:~$ source ~/catkin_ws/devel/setup.bash
ros@ros-virtual-machine:~$ rosrun test_my_message my_listener.py
[INFO] [1717978348.652258]: 接收到的信息:张三, 18, 1.75
[INFO] [1717978349.651711]: 接收到的信息:张三, 18, 1.75
[INFO] [1717978350.651861]: 接收到的信息:张三, 18, 1.75
```

图 4-96　运行发布者节点和订阅者节点

使用 rqt_graph 查看节点关系，可以看到发布者节点 /my_talker 与订阅者节点 /my_listener 通过自定义话题 /chatter_person 通信，如图 4-97 所示。

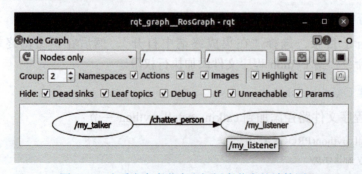

图 4-97　查看发布者节点和订阅者节点的计算图

▼ 4.5 服务

服务通信也是 ROS 中常用的通信方式，服务通信是基于请求响应模式的，是一种应答机制，即一个节点向另一个节点发送数据请求，被请求的节点收到请求并产生响应，将结果返回给请求节点。例如在机器人巡逻过程中，控制系统会分析传感器数据，发现可疑情况，拍摄照片并留存。在这个通信案例中，一个节点向相机节点发送拍摄请求，相机节点处理请求并返回处理结果。服务通信适用于对实时性有一定要求且具有相应逻辑处理的应用场景。

本节讲述服务通信的基本原理和服务调用。介绍如何使用 rosservice 命令调用海龟服务，并结合 rostopicpub 命令控制海龟绘制不连续的图案，然后介绍如何编写服务调用程序来控制海龟绘制不连续图案，最后介绍编写调用自定义服务的程序示例，包括计算两个数字之和及指定坐标移动海龟。

4.5.1 服务通信

服务通信是一种双向通信，它不仅可以发送消息，同时还会有反馈。服务通信包括两部分，一部分是请求方（客户端），另一部分是响应方（服务提供方、服务端）。在通信时，客户端发送一个请求（Request），等待服务端处理，服务端反馈回一个响应（Reply），这样通过"请求 - 响应"的机制即可完成整个服务通信。

服务通信示意图如图 4-98 所示。

服务端提供服务的接口，一般会用字符串类型来指定服务的名称。服务采用同步通信方式，客户端在发布请求后会等待服务端响应，

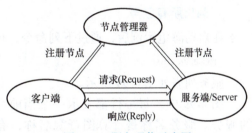

图 4-98　服务通信示意图

服务端处理完请求并且完成响应之后，客户端才会继续执行。客户端在等待过程中，处于阻塞状态。相对于话题通信，服务通信没有频繁的消息传递，减少了系统资源的占用，只有在接受请求后才执行服务，相对简单高效。

服务通信流程的实现步骤为：

1. 服务端（Server）注册

服务端启动后，会通过 RPC 在节点管理器中注册自身信息，其中包含提供的服务的名称。节点管理器会将节点的注册信息加入到注册表中。

2. 客户端（Client）注册

客户端启动后，也会通过 RPC 在节点管理器中注册自身信息，其中包含需要请求的服务的名称。节点管理器会将节点的注册信息加入到注册表中。

3. 节点管理器匹配信息

节点管理器会根据注册表中的信息匹配服务端和客户端，并通过 RPC 向客户端发送服务端的 TCP 地址信息。

4. 客户端发送请求

客户端使用 TCP 与服务端建立网络连接，并发送请求数据。

5. 服务端发送响应

服务端接收、解析请求的数据，并产生响应结果返回给客户端。

需要注意的是，在客户端发送请求时，需要保证服务器已经启动，服务端和客户端都可以存在多个。

服务通信与话题的区别主要体现在两个方面：一是服务通信是双向的，一个节点会给另一个节点发送信息并等待响应，因此信息流是双向的。作为对比，当话题发布后，并没有响应的概念，甚至不能保证系统内有节点订阅了这些话题。二是服务通信实现的是一对一通信。每一个服务由一个节点发起，对这个服务的响应也会返回同一个节点。对话题来说，每一个话题都和一种消息相关，这个话题可能有很多的发布者和订阅者。

4.5.2 相关服务命令

虽然服务通常由程序调用，但是使用命令行工具来查看和调用服务可以帮助人们更直观地理解服务调用的工作原理。

1. 列出所有服务

在启动海龟示例后，通过下列命令，可以获取目前所有活跃的服务列表。

```
rosservice list
```

服务列表如图 4-99 所示。

图 4-99 中，每一行都表示一个当前可以调用的服务。服务名称是计算图资源名称，有全局名称、相对名称和私有名称之分。rosservice list 命令输出的是所有服务的全局名称。

ROS 服务总体来讲可以分为两个基本类型：一是使用节点名称作为命名空间来防止命名冲突的服务，例如图 4-99 中的 /turtlesim/get_loggers 和 /turtlesim/set_logger_level 服务，它们是用来从特

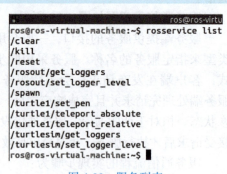

图 4-99 服务列表

定的节点获取或者向其传递信息的，这一类服务允许节点通过私有名称来提供服务；二是不针对某些特定节点的服务，例如名为 /spawn 的服务用于生成一个新的仿真海龟，它是由 /turtlesim 节点提供的。但是在不同的系统中，这个服务完全可能由其他节点提供，当人们调用 /spawn 服务时，只关心是否有一个新的海龟出现，而不关心具体是哪个节点在起作用。图 4-99 中列出的所有服务，除了 get_loggers 服务和 set_logger_level 服务，几乎都可以归入此类。这类服务有特定的名称来描述它们的功能，却不会涉及任何特定节点。

2. 查看节点提供的服务

要查看一个节点提供的服务，可使用 rosnode info node-name 命令，例如：

```
rosnode info /turtlesim
```

以上命令会输出 /turtlesim 节点的相应信息，如图 4-100 所示，图中除了显示 /turtlesim 节点发布的话题和订阅的话题外，还会显示节点提供的服务。

```
ros@ros-virtual-machine:~$ rosnode info /turtlesim
--------------------------------------------------------------
Node [/turtlesim]
Publications:
 * /rosout [rosgraph_msgs/Log]
 * /turtle1/color_sensor [turtlesim/Color]
 * /turtle1/pose [turtlesim/Pose]

Subscriptions:
 * /turtle1/cmd_vel [unknown type]

Services:
 * /clear
 * /kill
 * /reset
 * /spawn
 * /turtle1/set_pen
 * /turtle1/teleport_absolute
 * /turtle1/teleport_relative
 * /turtlesim/get_loggers
 * /turtlesim/set_logger_level


contacting node http://ros-virtual-machine:34713/ ...
Pid: 128783
Connections:
 * topic: /rosout
    * to: /rosout
    * direction: outbound (35061 - 127.0.0.1:59320) [24]
    * transport: TCPROS

ros@ros-virtual-machine:~$
```

图 4-100　输出节点的相应信息

3. 查看提供服务的节点

如果知道了服务名，也可以通过下列命令查看提供该服务的节点。

```
rosservice node service-name
```

如图 4-101 所示，rosservice node /spawn 命令运行时，会显示提供 /spawn 服务的节点为 /turtlesim。

4. 查看特定服务信息

可以使用下列命令来查看某个特定服务的信息。

```
rosservice info service-name
```

在终端窗口中输入命令 rosservice info /spawn，如图 4-102 所示。

```
ros@ros-virtual-machine:~$ rosservice node /spawn
/turtlesim
ros@ros-virtual-machine:~$
```

图 4-101　查看提供服务的节点

```
ros@ros-virtual-machine:~$ rosservice info /spawn
Node: /turtlesim
URI: rosrpc://ros-virtual-machine:35061
Type: turtlesim/Spawn
Args: x y theta name
ros@ros-virtual-machine:~$
```

图 4-102　查看特定服务信息

命令执行后可以看到，/spawn 服务由 /turtlesim 节点提供，同时图 4-102 中还列出了访问该服务的 URI，该服务的消息类型是 turtlesim/Spawn，有 4 个参数。与话题的消息类型的命名类似，服务的消息类型的命名也由两个部分组成，前面是此消息类型所属的包名，后面是消息类型的名称，即包名 + 消息类型名 = 服务的消息类型，如 turtlesim + Spawn = turtlesim/Spawn。

5. 查看服务的消息类型详情

当服务的消息类型已知时，可以使用 rossrv 命令来查看此种消息类型的详情，以便了解其构成，方便使用，例如：

```
rossrv show turtlesim/Spawn
```

如图 4-103 所示，以上命令显示了 tur-tlesim/Spawn 消息类型的详情，在短横线（---）之前的字段是请求部分，即客户端节点发送到服务端节点的数据；在短横线之后的字段是响应部分，即服务端节点完成请求后发送回客户端节点的数据。

```
ros@ros-virtual-machine:~$ rossrv show turtlesim/Spawn
float32 x
float32 y
float32 theta
string name
---
string name
ros@ros-virtual-machine:~$
```

图 4-103　查看服务的消息类型详情

要注意区别 rosservice 命令和 rossrv 命令用法的不同。前者用来与当前的服务进行交互（如查看节点提供哪些服务、查看某项服务由哪个节点提供、调用服务等）；后者用来查看某项服务使用的数据类型的详细构成，便于在使用该服务时了解请求数据和响应数据的用法。其与 rostopic 命令和 rosmsg 命令的区别类似。

有一点需要注意，服务消息类型中的请求或响应部分可以为空，甚至两个部分可以同时为空。例如 turtlesim_node 提供的 /reset 服务，由 std_srvs/Empty 消息类型定义，即请求和响应字段均为空。这种情况表示调用该服务时无需发送请求数据，调用成功后也没有响应数据回传。

6. 调用服务

调用服务可使用 rosservice 命令，其用法格式如下：

```
rosservice call service-name request-content
```

service-name 是要调用的服务名称，request-content 是调用服务时发送的请求数据。如果不清楚具体的服务名和发送的请求数据的用法，可以在输入 rosservice call 命令之后，按 <Tab> 键由系统补全。下面的命令用于在指定坐标处生成指定朝向的海龟。

```
rosservice call /spawn  3 3 0 myturtle
```

该命令运行后会在仿真器位置 (x,y)=(3,3) 处创建一个名为 myturtle 的海龟，其朝向角度为 0°，如图 4-104 所示。

这只海龟有它自己的资源集，包括话题 cmd_vel、pose 和 color_sensor，服务 set_pen、teleport_absolute 和 teleport_relative，如图 4-105 所示。这些新的资源在一个名为 myturtle 的命名空间中，不属于 turtle1 命名空间，符合其他节点想要独立控制这些海龟的需求。这个示例也说明使用命名空间可以有效地防止命名冲突。

除了发送响应数据，服务端节点同时也会告诉客户端节点服务调用成功与否。例如在 turtlesim 中，每一只海龟必须拥有一个唯一的名字。如果再次运行上面的 rosservice call 示例，则第一次调用是成功的，但是第二次调用会产生如图 4-106 所示的错误。

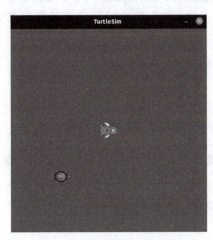

图 4-104　生成指定坐标和朝向的海龟

图 4-105　生成海龟后的话题和服务

图 4-106　重复调用服务后报错

错误产生的原因是试图创建两只同名的海龟。

4.5.3　命令行调用海龟服务

本节介绍如何用命令行方式调用海龟服务。

在海龟示例中，提供了 4 项服务用于仿真器窗口操作，分别是 /clear、/kill、/reset 和 /spwan，分别为清除仿真窗口的轨迹、清除海龟、重置仿真窗口和生成海龟。创建成功的海龟提供 3 项服务：set_pen、teleport_absolute 和 teleport_relative，分别为设置海龟行走轨迹的颜色和宽度、通过绝对方式（指定横、纵坐标和朝向）移动海龟到指定位置和通过相对方式（指定线速度和角速度）移动海龟到指定位置。

1. 调用海龟服务

使用 rosservice 命令可以调用海龟服务，使用时需设置服务名和参数，如果不了解服务名和参数的格式，可按 <Tab> 键由系统补全，下面介绍调用这些服务的示例用法。

1）清除仿真窗口的轨迹：rosservice call /clear。

2）清除海龟：rosservice call /kill Mikey 或者 rosservice call /kill "name：'Mikey'"。

后一种用法在输入了命令的一部分"rosservice call /kill"后，按 <Tab> 键补全参数格式，再移动光标填入海龟的名字"Mikey"。两种用法效果相同。

3）重置仿真窗口：rosservice call /reset。

该服务会重置海龟仿真器，使其初始化各个参数，并会随机选择一个海龟图片，海龟的起始位置为仿真窗口的中间坐标位置。

4）生成海龟：在之前的学习中，曾经使用 rosservice call /spawn 3 3 0 turtle2 命令在指定坐标位置和朝向生成了名为 turtle2 的海龟。图 4-107 所示为在输入命令的前半部分后按下 <Tab> 键补全参数格式的另外一种用法。

```
                                        ros@ros-virtual-machine: ~ 84x10
ros@ros-virtual-machine:~$ rosservice call /spawn "x: 0.0
y: 0.0
theta: 0.0
name: ''"
```

图 4-107　按 <Tab> 键补全参数格式的另外一种用法

可以把光标前移，修改相应的参数值，完成后按 <Enter> 键执行，如图 4-108 所示。输入参数时注意不要删除冒号后面的空格。

```
                                        ros@ros-virtual-machine: ~ 84x10
ros@ros-virtual-machine:~$ rosservice call /spawn "x: 7.0
y: 7.0
theta: 1.57
name: 'turtle2'"
name: "turtle2"
ros@ros-virtual-machine:~$
```

图 4-108　输入生成海龟的参数值

5）设置海龟的轨迹颜色和宽度：按照图 4-109 所示，输入命令的前面部分，按 <Tab> 键补全，然后移动光标依次设置红、绿和蓝颜色分量的值，线宽值设为 7，最后一个参数 "off" 不需设置，使用默认值。

```
                                        ros@ros-virtual-machine: ~ 82x10
ros@ros-virtual-machine:~$ rosservice call /turtle1/set_pen "{r: 255, g: 0, b: 0,
width: 7, 'off': 0}"

ros@ros-virtual-machine:~$ rosservice call /turtle1/set_pen 255 0 0 7 off

ros@ros-virtual-machine:~$
```

图 4-109　设置海龟的轨迹颜色和宽度

图 4-109 中的命令设置名为 turtle1 的海龟的轨迹为红色，线宽为 7。

6）使用绝对方式移动海龟：按照图 4-110 所示，依次设置 x、y 坐标值和朝向，即可移动指定海龟到特定位置。需要注意的是，此处的朝向使用弧度表示。

```
                                        ros@ros-virtual-machine: ~ 82x27
ros@ros-virtual-machine:~$ rosservice call /myturtle/teleport_absolute 3 9 3.14

ros@ros-virtual-machine:~$
```

图 4-110　使用绝对方式移动海龟

rosservice call /myturtle/teleport_absolute 3 9 3.14 命令把海龟 myturtle 移动到坐标（3, 9）处，海龟的头朝向左方，如图 4-111 所示。

7）使用相对方式移动海龟：使用相对方式移动海龟与使用绝对方式移动海龟类似，需要的参数为线速度和角速度，如图 4-112 所示。

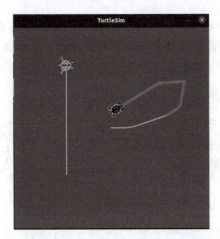

图 4-111　使用绝对方式移动后的海龟

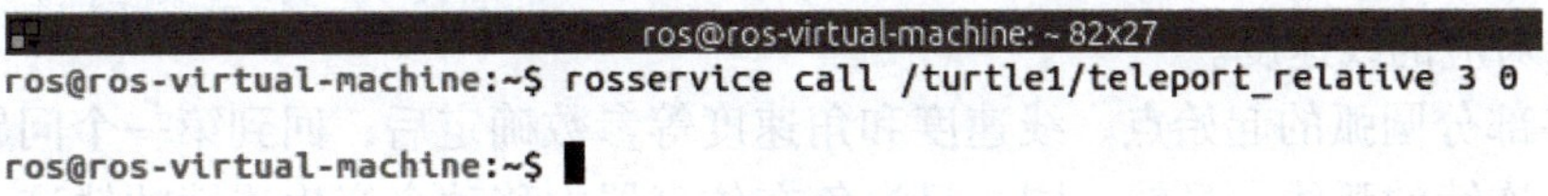

图 4-112　使用相对方式移动海龟

rosservice call /turtle1/teleport_relative 3 0 命令把海龟 turtle1 从当前位置向前移动 3 个单位，如图 4-113 所示。

2. 绘制笑脸图案

下面介绍如何使用 rosservice 命令调用 turtlesim 提供的服务，结合 rostopic 命令发布 geometry_msgs/Twist 类型的消息，控制海龟 turtle1 的运动轨迹来绘制笑脸图案，如图 4-114 所示，由此进一步增加对 rosservice 命令、服务类型和服务消息的理解。

图 4-114 中的笑脸由 1 个大圆、2 个小圆和 1 段圆弧组成。要控制海龟的移动轨迹为此图案，主要有两个问题：一是整体图案由 4 部分（脸、左眼、右眼和嘴）组成且不连续，应如何控制海龟移动并绘制出相应的轨迹；二是各部分轨迹的参数应如何确定。

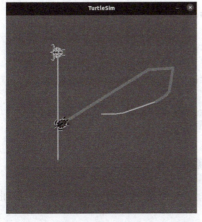

图 4-113　使用相对方式移动后的海龟

图 4-114　笑脸图案

对于第二个问题，可参考图 4-115 所示的各个部分的参考点坐标。这些点的坐标是相对于海龟仿真器中的平面而言的，其坐标原点在左下角，x 方向和 y 方向的最大值为 11。

根据前面学习的内容，绘制这个大圆（脸）的线速度和角速度与半径之间满足 $r = \dfrac{v}{\omega}$，同理，$B(4,8)$ 和 $C(6,8)$ 处的小圆（眼睛）的半径、线速度和角速度之间也有上述关系，而且绘制这 3 个圆时的角速度为 2π，只要确定了半径，就可以计算出线速度。

绘制下面的圆弧（嘴）时，只要确定了圆弧的开始点 $D(4,6)$、结束点 $E(6,6)$ 和圆心 $O(5,7)$，就能计算出对应的半径和圆弧夹角。这个夹角的值（弧度）与绘制该圆弧的角速度相等，这样就可以计算出对应的线速度。

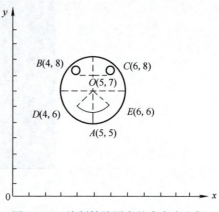

图 4-115　绘制笑脸图案的参考点坐标

绘制各部分圆弧的起始点、线速度和角速度等参数确定后，回到第一个问题，即如何绘制这些不连续的弧线。显然，同一只海龟在仿真器中移动会产生连续的轨迹，但要绘制的图案是 4 段不连续的轨迹，不能由一个海龟完成，需要 4 个海龟移动来产生 4 段不连续的轨迹。具体来说，即通过调用海龟示例提供的 /spawn 服务，在指定点产生海龟并移动来完成。为方便操作，完成一段圆弧的绘制后，调用 /kill 服务清除海龟，接着在下一段圆弧的开始点产生海龟并移动，然后再清除，以此类推，直到最后完成。

图 4-116 所示为绘制笑脸图案的命令，从 $A(5,5)$ 点绘制脸，$B(4,8)$ 点和 $C(6,8)$ 点绘制眼睛，$D(4,6)$ 点绘制嘴。参数设置如下：

1）大圆（脸）。起始点为 $A(5,5)$，半径为 2，线速度为 12.566，角速度为 2π（6.283）。

2）小圆 1（左眼）。起始点为 $B(4,8)$，半径为 1/6.28，线速度为 1，角速度为 2π（6.283）。

3）小圆 2（右眼）。起始点为 $C(6,8)$，半径为 1/6.28，线速度为 1，角速度为 2π（6.283）。

4）圆弧（嘴）。起始点为 $D(4,6)$，半径为 2/1.57，线速度为 2，角速度为 1.5707。

```
ros@ros-virtual-machine: ~ 93x18
 1 rosservice call /kill turtle1
 2 rosservice call /spawn 5 5 0  turtle1
 3 rostopic pub -1 /turtle1/cmd_vel geometry_msgs/Twist -- '[12.5663,0,0]' '[0,0,6.283]'
 4 rosservice call /kill turtle1
 5 rosservice call /spawn 4 8 0  turtle1
 6 rostopic pub -1 /turtle1/cmd_vel geometry_msgs/Twist -- '[1,0,0]' '[0,0,6.283]'
 7 rosservice call /kill turtle1
 8 rosservice call /spawn 6 8 0  turtle1
 9 rostopic pub -1 /turtle1/cmd_vel geometry_msgs/Twist -- '[1,0,0]' '[0,0,6.283]'
10 rosservice call /kill turtle1
11 rosservice call /spawn 4 6 0  turtle1
12 rostopic pub -1 /turtle1/cmd_vel geometry_msgs/Twist -- '[0,0,0]' '[0,0,-0.7854]'
13 rostopic pub -1 /turtle1/cmd_vel geometry_msgs/Twist -- '[2,0,0]' '[0,0,1.5707]'
14 rosservice call /kill turtle1
~
```

图 4-116　绘制笑脸图案的命令

需要注意的是，在绘制圆弧（嘴）时，由于在 D 点生成的海龟的朝向为 0，因此要先顺时针旋转 $\pi/4$（-0.7854），再开始绘制圆弧。

4.5.4 常见服务消息类型

本节介绍常见的服务消息类型及其定义。ROS 的服务消息在扩展名为 .srv 的文件中定义，用"---"（3 个短横线）分为两个部分，相当于两个消息通道，一个发送消息，一个接收消息。如果"---"之前为空，表示调用该服务只需要服务名，不需要具体参数；如果"---"之后为空，表示调用该服务不需要接收服务调用成功后的返回数据。如果两者都为空，表示调用服务时既不需要参数，调用成功后也不会返回数据。

1. nav_msgs/GetMap

nav_msgs 包定义了用于与导航交互的常见消息，nav_msgs/GetMap 消息用于获取地图数据，它在 nav_msgs 包的文件 GetMap.srv 中定义，使用 rossrv show nav_msgs/GetMap 命令可以查看具体定义。如图 4-117 所示，该消息的请求部分为空。

```
                              ros@ros-virtual-machine: ~ 80x26
ros@ros-virtual-machine:~$ rossrv show nav_msgs/GetMap
---
nav_msgs/OccupancyGrid map
  std_msgs/Header header
    uint32 seq
    time stamp
    string frame_id
  nav_msgs/MapMetaData info
    time map_load_time
    float32 resolution
    uint32 width
    uint32 height
    geometry_msgs/Pose origin
      geometry_msgs/Point position
        float64 x
        float64 y
        float64 z
      geometry_msgs/Quaternion orientation
        float64 x
        float64 y
        float64 z
        float64 w
  int8[] data

ros@ros-virtual-machine:~$
```

图 4-117　nav_msgs/GetMap 消息的具体定义

2. nav_msgs/GetPlan

nav_msgs 包中的 nav_msgs/GetPlan 消息用于得到一条从当前位置到目标点的路径的数据，它在 nav_msgs 包的文件 GetPlan.srv 中定义，使用 rossrv show nav_msgs/GetPlan 命令可以查看具体定义。其中的 geometry_msgs/PoseStamped start 表示起始点，geometry_msgs/PoseStamped goal 表示目标点，float32 tolerance 表示到达目标点的 x、y 方向的容错距离。

3. std_srvs/SetBool

std_srvs 包中定义了通用的服务消息，SetBool 用于启动或者关闭硬件，如图 4-118 所示。

bool data 为布尔值，表示开或关，bool success 表示硬件是否成功运行，string message 为返回运行信息。

```
                              ros@ros-virtual-machine: ~ 80x26
ros@ros-virtual-machine:~$ rossrv show std_srvs/SetBool
bool data
---
bool success
string message

ros@ros-virtual-machine:~$
```

图 4-118　std_srvs/SetBool 消息的组成

4. sensor_msgs/SetCameraInfo

sensor_msgs 包定义了常用传感器的消息，包括相机和扫描激光测距仪等。sensor_msgs/SetCameraInfo 消息用于标定相机参数。如果调用成功，则返回 true，并给出调用成功的细节消息。

4.5.5　程序调用海龟服务

本节先介绍编写服务调用程序的一般步骤，然后介绍如何编写 Python 程序调用 turtlesim 包提供的服务，在海龟仿真窗口的指定位置生成新的海龟，如图 4-119 所示，最后编写 Python 程序绘制 4.5.3 节的笑脸图案。

编写服务
调用程序

编写程序生成海龟的基本步骤为：先启动海龟仿真显示节点，然后通过 ROS 命令获取海龟生成服务的服务名称及服务消息类型，最后编写服务请求节点，生成新的海龟。

1. 获取服务名称与服务消息类型

生成海龟的服务名称为 /spawn，如果不清楚海龟示例提供了哪些服务，可以在已经启动海龟示例相关节点的情况下，使用 rosservice list 命令查看。/spawn 服务使用的消息类型为 turtlesim/Spawn，turtlesim/Spawn 消息的具体定义如图 4-120 所示。

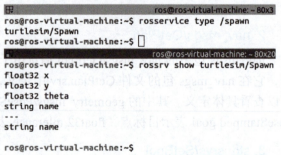

图 4-119　在指定位置生成新的海龟　　　　图 4-120　turtlesim/Spawn 消息的具体定义

2. 编写程序调用服务

创建 test_service 包，其依赖项为 roscpp、rospy、std_msgs 和 turtlesim。创建成功后，在 test_service 包下建立 scripts 目录，在该目录中创建程序文件 client.py，如图 4-121 所示。

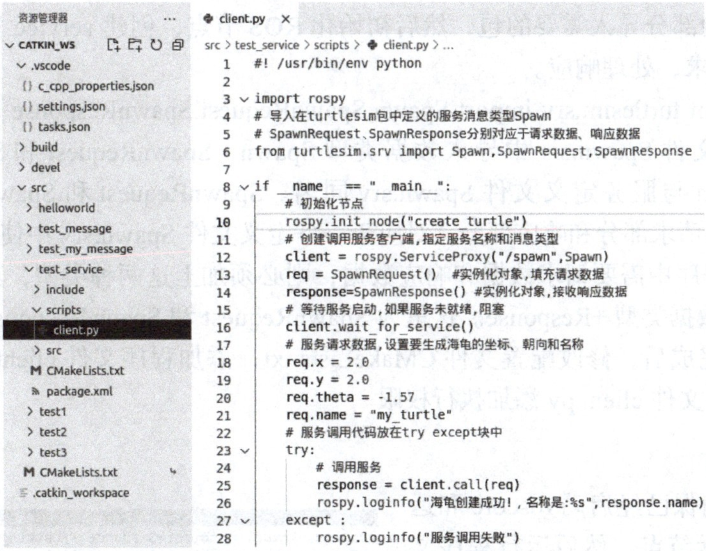

图 4-121　程序文件 client.py

程序文件 client.py 的内容如下：

```python
#! /usr/bin/env python

import rospy
# 导入在 turtlesim 包中定义的服务消息类型 Spawn
# SpawnRequest、SpawnResponse 分别对应于请求数据、响应数据
from turtlesim.srv import Spawn,SpawnRequest,SpawnResponse

if __name__ == "__main__":
    # 初始化节点
    rospy.init_node("create_turtle")
    # 创建调用服务客户端，指定服务名称和消息类型
    client = rospy.ServiceProxy("/spawn",Spawn)
    req = SpawnRequest()  # 实例化对象，填充请求数据
    response=SpawnResponse() # 实例化对象，接收响应数据
    # 等待服务启动，如果服务未就绪，阻塞
    client.wait_for_service()
    # 服务请求数据，设置要生成海龟的坐标、朝向和名称
    req.x = 2.0
    req.y = 2.0
    req.theta = -1.57
    req.name = "my_turtle"
    # 服务调用代码放在 try except 块中
    try:
        # 调用服务
        response = client.call(req)
        rospy.loginfo(" 海龟创建成功！，名称是：%s",response.name)
    except :
        rospy.loginfo(" 服务调用失败 ")
```

程序在开始部分导入需要的包，然后初始化 ROS 节点，创建 service 客户端，等待服务启动，发送请求，处理响应。

代码行 from turtlesim.srv import Spawn,SpawnRequest,SpawnResponse 表示从 turtlesim 包的服务定义文件 Spawn.srv 中导入数据类型 Spawn、SpawnRequest 和 SpawnResponse，类型名称 Spawn 与服务定义文件 Spawn.srv 同名。SpawnRequest 和 SpawnResponse 表示 Spawn 类型中的请求部分和响应部分，对应于服务定义文件 Spawn.srv 中使用 "---" 分割的两部分，如果程序中需要请求数据和响应数据，则必须加上这两种类型，其格式为数据类型 +Request 和数据类型 +Response。这里为 SpawnRequest 和 SpawnResponse。

代码输入完成后，修改配置文件 CMakeLists.txt，添加程序文件 client.py 在包中的路径，然后给程序文件 client.py 添加执行权限。

3. 编译运行

编译包，确保已经启动 roscore 和运行海龟仿真显示节点。然后运行程序文件 client.py，如图 4-122 所示。

如果重复执行，则服务调用会失败，原因是生成的海龟重名。读者可参考本节示例中编写的程序，调用海龟示例提供的其他服务。

```
ros@ros-virtual-machine: ~ 80x16
ros@ros-virtual-machine:~$ source ~/catkin_ws/devel/setup.bash
ros@ros-virtual-machine:~$ rosrun test_service client.py
[INFO] [1700731621.252394]: 海龟创建成功!，名称是:my_turtle
ros@ros-virtual-machine:~$
```

图 4-122　运行程序文件创建海龟

4. 程序调用服务绘制笑脸图案

以下为实现绘制笑脸图案的 Python 程序，请读者自行创建包，结合此程序实现绘制笑脸图案。

```python
#! /usr/bin/env python
# 服务调用：绘制笑脸

import rospy
from turtlesim.srv import Spawn,SpawnResponse,SpawnRequest
from turtlesim.srv import Kill,KillRequest
from geometry_msgs.msg import Twist
import math

def docircle(x,y,theta,name,linear,angular):
    req_spawn.x = x                              # 设置海龟 x 坐标
    req_spawn.y = y                              # 设置海龟 y 坐标
    req_spawn.theta = theta                      # 设置海龟朝向
    req_spawn.name = name                        # 设置海龟名字
    try:
        c_kill.call(req_kill)                    # 调用服务清除海龟
        res_spawn=c_spawn(req_spawn)             # 调用服务生成海龟
        rate.sleep()
        data.linear.x=linear
        data.angular.z=angular
        pub.publish(data)                        # 发布话题，绘制图形
```

```
        rate.sleep()
    except:
        is_error=True
        rospy.loginfo(" 服务调用失败 !")


if __name__ == "__main__":
    rospy.init_node("draw_face")
    c_spawn = rospy.ServiceProxy("/spawn",Spawn)            # 创建 service 客户端
    c_kill = rospy.ServiceProxy("/kill",Kill)              # 创建 service 客户端
    pub=rospy.Publisher("/turtle1/cmd_vel",Twist,queue_size=10)
    rate=rospy.Rate(1)
    data=Twist()


    res_spawn = SpawnResponse()                            # 定义服务响应
    req_spawn = SpawnRequest()                             # 定义服务请求
    req_kill= KillRequest()


    c_kill.wait_for_service()                              # 等待服务启动
    req_kill.name="turtle1"
    is_error=False


    docircle(5,5,0,"turtle1",4*math.pi,2*math.pi)
    docircle(4,8,0,"turtle1",1,2*math.pi)
    docircle(6,8,0,"turtle1",1,2*math.pi)
    docircle(4,6,-math.pi/4,"turtle1",2,math.pi/2)
```

4.5.6　自定义服务

在 ROS 开发中，常常需要自定义服务消息（即自定义服务）。本节以完成两个数相加为例，介绍自定义服务的步骤。自定义服务需要编辑服务消息文件（.srv 文件），.srv 文件内的可用数据类型与 .msg 文件一致，且自定义 .srv 文件的过程与自定义 .msg 文件类似。需要强调的是，这个扩展名为 .srv 的文件，其文件名就是自定义的服务名。创建自定义服务的基本步骤为：按照固定格式创建 .srv 文件，编辑配置文件，编译生成中间文件。在两个数相加的例子中，客户端应提交两个整数至服务端，服务端再将二者求和并响应结果到客户端。

1. 定义 .srv 文件

本节不创建单独的功能包，在前面已经创建的 test_service 包下创建自定义服务文件 Myadd.srv，其中，"Myadd" 也是程序中使用的服务类型的名称。在服务通信中，数据被分成两部分，即请求与响应。在文件 Myadd.srv 中，请求和响应使用 "---"（3 个短横线）分隔。

在 test_service 包下新建 srv 目录，添加文件 Myadd.srv 并输入内容，如图 4-123 所示。

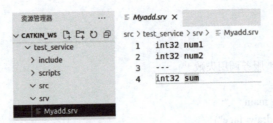

图 4-123　自定义服务消息 Myadd.srv 文件

文件 Myadd.srv 的内容如下：

```
int32 num1
int32 num2
---
int32 sum
```

"---"前面的两行表示客户端（请求方）发送的两个整数，"---"后面的一行表示服务调用成功后服务端（响应方）发回的数据，即两者之和。

2. 编辑配置文件

（1）设置文件 package.xml

在 test_service 包的文件 package.xml 中增加 message_generation 包的构建依赖、导出依赖和运行依赖，并添加 message_runtime 包的运行依赖：

```
<build_export_depend>message_generation</build_export_depend>
<exec_depend>message_generation</exec_depend>
<build_depend>message_generation</build_depend>
<exec_depend>message_runtime</exec_depend>
```

实际效果如图 4-124 所示。

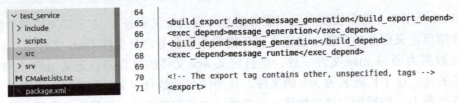

图 4-124　设置文件 package.xml

（2）设置文件 CMakeLists.txt

编辑文件 CMakeLists.txt 的 find_package 一节，在图 4-125 所示位置添加 message_generation 包，即：

```
find_package(catkin REQUIRED COMPONENTS
    roscpp
    rospy
    std_msgs
    turtlesim
    message_generation
)
```

在约 59 行的 add_service_files 一节，先去掉行首的注释符 "#"，然后在图 4-126 所示位置添加自定义服务文件 Myadd.srv，即：

```
add_service_files(
  FILES
  Myadd.srv
)
```

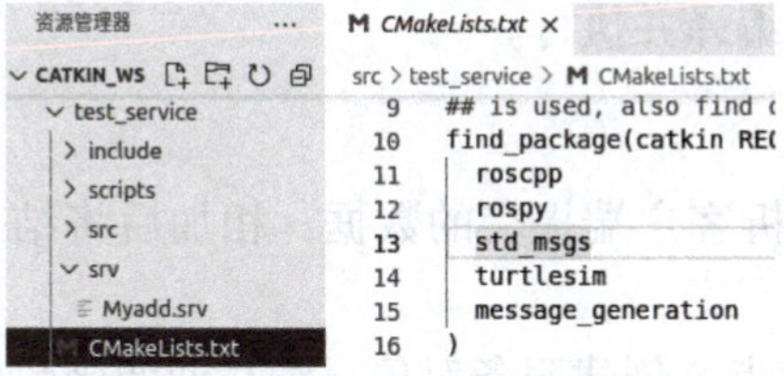

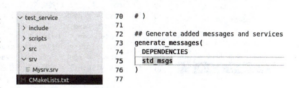

图 4-125　编辑 find_package 一节 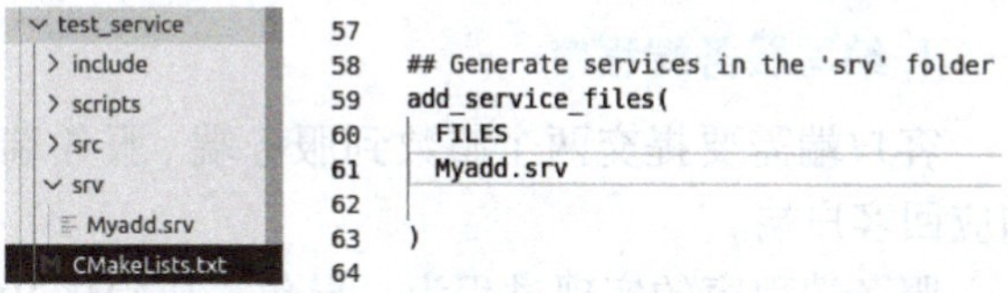　　　　　图 4-126　编辑 add_service_files 一节

在约 73 行的 generate_messages 一节，去掉行首的注释符，在图 4-127 所示位置添加 std_msgs 包，即：

```
generate_messages(
  DEPENDENCIES
  std_msgs
)
```

3. 编译

配置文件修改完成后保存，然后编译包，生成对应程序语言可以调用的头文件和中间文件。

图 4-128 所示为 C++ 可以调用的头文件 (~/catkin_ws/devel/include/test_service/Myadd.h)。

图 4-127　添加 std_msgs 包

图 4-129 所示为 Python 可以调用的中间文件 (~/catkin_ws/devel/lib/python3/dist-packages/test_service/srv)。

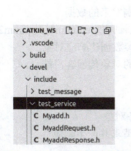

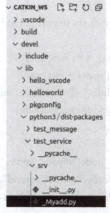

图 4-128　C++ 可以调用的头文件　　　　图 4-129　Python 可以调用的中间文件

后续调用相关 srv 时，就是从这些中间文件处调用的。

4.5.7 调用自定义服务

本节使用 4.5.6 节的自定义服务 Myadd，编写程序实现如下功能：客户端提交两个整数至服务端，服务端将其求和并响应结果到客户端。基本步骤是编写服务端程序和客户端程序、为 Python 文件添加执行权限、编辑配置文件、编译并执行。

1. 编写服务端程序

客户端需要提交两个整数到服务端，服务端则解析客户端提交的数据，相加后将结果响应回客户端。

服务端程序的实现过程为：导包、初始化 ROS 节点、创建服务对象、编写回调函数处理请求并产生响应、调用 spin 函数实现自循环。

在 test_service 包的 scripts 目录下创建程序文件 myadd_server.py，如图 4-130 所示。

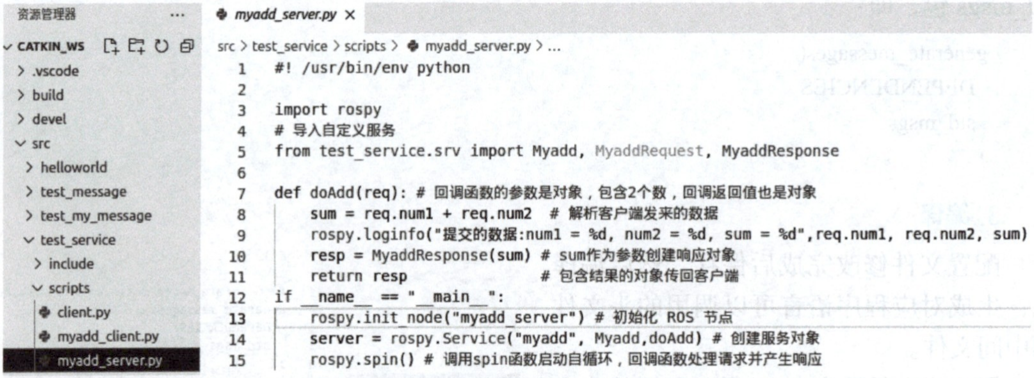

图 4-130　程序文件 myadd_server.py

程序文件 myadd_server.py 的内容如下：

```python
#! /usr/bin/env python

import rospy
# 导入自定义服务
from test_service.srv import Myadd, MyaddRequest, MyaddResponse

def doAdd(req): # 回调函数的参数是对象，包含 2 个数，回调返回值也是对象
    sum = req.num1 + req.num2                    # 解析客户端发来的数据
    rospy.loginfo(" 提交的数据 : num1 = %d, num2 = %d, sum = %d",req.num1, req.num2, sum)
    resp = MyaddResponse(sum)                    # sum 作为参数创建响应对象
    return resp                                  # 包含结果的对象传回客户端
if __name__ == "__main__":
    rospy.init_node("myadd_server")       # 初始化 ROS 节点
    server = rospy.Service("myadd", Myadd,doAdd) # 创建服务对象
    rospy.spin() # 调用 spin 函数启动自循环，回调函数处理请求并产生响应
```

上述代码中，from test_service.srv import Myadd，MyaddRequest，MyaddResponse 表

示从 test_service 包的 srv 目录中导入 Myadd、MyaddRequest 和 MyaddResponse 消息类型，Myadd 也是自定义服务名（文件名），MyaddRequest 和 MyaddResponse 是系统自动生成的服务请求和响应名（名称由 Myadd + Request 和 Myadd + Response 构成）。编写服务调用程序时，如果程序中需要处理请求数据和响应数据，则必须导入这两种类型。

在代码 server = rospy.Service("myadd"，Myadd，doAdd) 中，rospy.Service 函数的第一个参数 "myadd" 是节点运行后创建的、可被调用的服务名称，也是客户端发起服务请求时需要传递的服务名称，它用于识别是哪一个服务的字符串，这个名称最好与自定义服务类型名称（文件名）Myadd 有所区别。

2. 编写客户端程序

客户端程序的实现过程为：导包，初始化 ROS 节点，创建请求对象，发送请求，接收并处理响应。

程序文件名为 myadd_client.py，如图 4-131 所示。

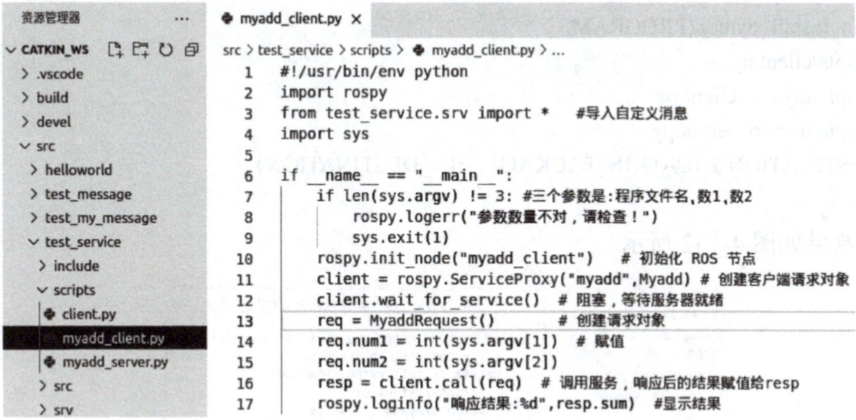

图 4-131　程序文件 myadd_client.py

程序文件 myadd_client.py 的内容如下：

```python
#!/usr/bin/env python
import rospy
from test_service.srv import *          # 导入自定义消息

import sys

if __name__ == "__main__":
    if len(sys.argv) != 3:  # 三个参数是：程序文件名、数 1、数 2
        rospy.logerr(" 参数数量不对，请检查！")
        sys.exit(1)
    rospy.init_node("myadd_client")        # 初始化 ROS 节点
    client = rospy.ServiceProxy("myadd", Myadd)  # 创建客户端请求对象
    client.wait_for_service()              # 阻塞，等待服务器就绪
    req = MyaddRequest()                   # 创建请求对象
    req.num1 = int(sys.argv[1])            # 赋值
```

```
req.num2 = int(sys.argv[2])

resp = client.call(req)                    # 调用服务，响应后的结果赋值给 resp
rospy.loginfo(" 响应结果 : %d", resp.sum)    # 显示结果
```

代码 client = rospy.ServiceProxy（"myadd"，Myadd）中请求的服务名称要与服务端提供的服务名称一致，否则无法调用成功。这里的服务名称"myadd"与服务消息类型"Myadd"可以不相同，符合 ROS 命名规范即可。

3. 设置权限

启动 VSCode 的集成终端窗口，进入 scripts 子目录，执行 chmod +x *.py 命令，给所有的 Python 程序文件添加执行权限。

4. 配置文件 CMakeLists.txt

配置文件 CMakeLists.txt，在 catkin_install_python 一节添加 Python 源文件路径：

```
catkin_install_python(PROGRAMS
  scripts/client.py
  scripts/myadd_client.py
  scripts/myadd_server.py
  DESTINATION $ {CATKIN_PACKAGE_BIN_DESTINATION}
)
```

实际效果如图 4-132 所示。

图 4-132　设置 catkin_install_python 一节

5. 编译执行

编译包，然后先启动服务端节点 rosrun test_service myadd_server.py，再运行客户端节点 rosrun test_service myadd_client.py 1 2，调用成功后返回相加的结果值，如图 4-133 所示。

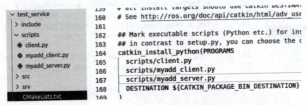

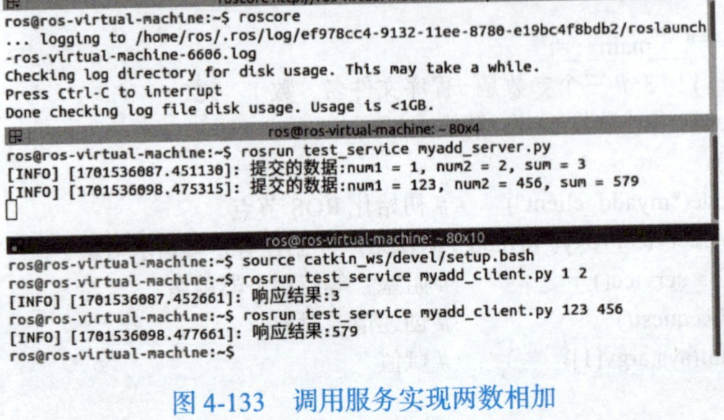

图 4-133　调用服务实现两数相加

请读者自行考虑如何改进上述程序，使其能完成加、减、乘和除运算。

4.5.8 自定义服务移动海龟

在前面已经介绍过，海龟示例提供了一项服务，即通过绝对方式（指定横、纵坐标和朝向）移动海龟到指定位置，该服务名为 /turtle1/teleport_absolute。本节介绍一个综合示例：通过自定义服务和编写服务端、客户端程序，实现与海龟服务 /turtle1/teleport_absolute 类似的功能，即输入目标点的横、纵坐标和朝向，使海龟移动到该点。

这个示例需要创建包和自定义服务，然后编写功能实现代码，大致的流程为：

1）创建包，确定自定义服务类型。

2）编写并启动服务端程序。

3）编写并启动客户端程序，发送参数调用自定义服务。

4）服务端程序接收到客户端的调用请求后，计算目标点的距离和方位，然后设置合适的线速度和角速度向目标点移动，直至到达目标点（计算距离需要订阅 /turtle1/pose 话题获取海龟的位置坐标，控制海龟移动需要向 /turtle1/cmd_vel 话题发布数据）。

在工作空间创建 test_move 包，依赖项为 roscpp、rospy、std_msgs、turtlesim 和 message_generation。然后在包目录 test_move 下创建 scripts 目录和 srv 目录。

1. 创建并定义 .srv 文件

这里的自定义服务名称为"Move"，相应地在 srv 目录下创建文件 Move.srv，输入图 4-134 所示内容。

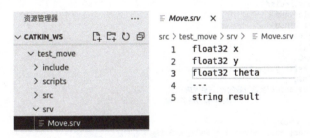

图 4-134 创建文件 Move.srv

文件中"float32 x"定义的请求消息是海龟的 x 坐标；"float32 y"定义的请求消息是海龟的 y 坐标；"float32 theta"定义的请求消息是海龟的朝向；"string result"定义的是服务响应结果。"---"为格式分割线，"---"之前的是发给服务端的请求消息 request，"---"之后的是服务端的响应消息 response。

2. 编写服务端程序

在 test_move 包的 scripts 目录下创建程序文件 move_server.py，如图 4-135 所示。服务端程序在主函数中创建了话题订阅对象 sub 来订阅 /turtle1/pose 话题，订阅消息的回调函数 doPose 用于获得当前海龟的坐标位置，并计算得到与目标点的距离；调用消息发布对象 pub 的 Publisher 方法向 /turtle1/cmd_vel 话题发送消息，用于控制海龟移动；创建服务对象 server 提供 Move 服务，在服务的回调函数 doMove 中控制海龟不断接近目标点。

```python
move_server.py ×
src > test_move > scripts > move_server.py > ...
1   #!/usr/bin/python3
2   import rospy
3   from test_move.srv import Move, MoveRequest, MoveResponse
4   from geometry_msgs.msg import Twist
5   from turtlesim.msg import Pose
6   import math
7
8   dis=12.0
9
10  def doPose(p): #消息回调函数获取当前点坐标,计算并更新与目标点的距离
11      global dis
12      turtle_p.x=p.x
13      turtle_p.y=p.y
14      turtle_p.theta=(p.theta)%(2*math.pi)
15      d_x=target_p.x-p.x
16      d_y=target_p.y-p.y
17      dis=math.sqrt(math.pow(d_x,2)+math.pow(d_y,2)) #计算与目标点的距离
18
19  def doMove(req): # 服务回调函数的参数是请求对象,返回响应对象
20      global dis
21      dis=12
22      target_p.x = req.x      #解析客户端发来的数据
23      target_p.y = req.y
24      target_p.theta= (req.theta)%(2*math.pi)
25      rospy.loginfo("移动海龟到:x = %f, y = %f, theta = %f",req.x, req.y, req.theta)
26      w=math.atan2(target_p.y-turtle_p.y,target_p.x-turtle_p.x)
27      msg.linear.x=0
28      msg.angular.z=(w-turtle_p.theta)%(2*math.pi)
29      pub.publish(msg)
30      rospy.sleep(1)
31      while True:
32          rospy.loginfo("离目标点距离dis = %f",dis)
33          rospy.loginfo("当前位置now :x = %f, y = %f, theta = %f",turtle_p.x, turtle_p.y, turtle_p.theta)
34          rospy.loginfo("目标位置target:x = %f, y = %f, theta = %f",target_p.x, target_p.y, target_p.theta)
35          if dis<0.2:
36              break
37          msg.linear.x=dis/8
38          msg.angular.z=0
39          pub.publish(msg)
40          rospy.sleep(1)
41      rospy.sleep(1)
42      msg.linear.x=0
43      msg.angular.z=(target_p.theta-w)%(2*math.pi)
44      pub.publish(msg)
45      resp = MoveResponse("到达目标附近,任务完成!")
46      return resp            # 响应结果传回客户端
47
48  if __name__ == "__main__":
49      rospy.init_node("move_server") # 初始化 ROS 节点
50      msg=Twist()
51      turtle_p=Pose()
52      target_p=Pose()
53      sub = rospy.Subscriber("/turtle1/pose",Pose,doPose,queue_size=1) # 创建订阅对象
54      pub=rospy.Publisher("/turtle1/cmd_vel",Twist,queue_size=1) # 创建发布对象
55      server = rospy.Service("Move", Move, doMove) # 创建服务对象
56      rospy.spin() # 调用spin函数启动自循环,回调函数处理消息和服务请求
```

图 4-135　创建程序文件 move_server.py

向目标点移动的具体做法是：计算目标点与当前点之间的夹角，设置海龟的线速度为0，角速度为该夹角，调用 pub 对象发布消息，使海龟原地旋转，头朝向目标点；然后设置海龟的角速度为 0，线速度为与目标点距离的一定比例（本例中为 1/8），调用 pub 对象发布消息，使得海龟向着目标点做直线运动，这一步循环执行，一旦到达目标点附近（本例中距离目标点小于 0.2 即视为到达）则终止循环；接下来设置海龟的线速度为 0，角速度为调用服务时要求的角度，发布消息，使得海龟的朝向为要求的方向；最后返回响应消息，完成这一次的服务调用。

程序文件 move_server.py 的内容如下：

```python
#!/usr/bin/python3
import rospy
from test_move.srv import Move, MoveRequest, MoveResponse
from geometry_msgs.msg import Twist
from turtlesim.msg import Pose
import math


dis=12.0

def doPose(p): # 消息回调函数获取当前点坐标，计算并更新与目标点的距离
    global dis
    turtle_p.x=p.x
    turtle_p.y=p.y
    turtle_p.theta=(p.theta)%(2*math.pi)
    d_x=target_p.x-p.x
    d_y=target_p.y-p.y
    dis=math.sqrt(math.pow(d_x,2)+math.pow(d_y,2))    # 计算与目标点的距离


def doMove(req): # 服务回调函数的参数是请求对象，返回响应对象
    global dis
    dis=12
    target_p.x = req.x    # 解析客户端发来的数据
    target_p.y = req.y
    target_p.theta= (req.theta)%(2*math.pi)
    rospy.loginfo(" 移动海龟到 : x = %f,y = %f,theta = %f",req.x,req.y,req.theta)
    w=math.atan2(target_p.y-turtle_p.y,target_p.x-turtle_p.x)
    msg.linear.x=0
    msg.angular.z=(w-turtle_p.theta)%(2*math.pi)
    pub.publish(msg)
    rospy.sleep(1)
    while True:
        rospy.loginfo(" 离目标点距离 dis = %f",dis)
        rospy.loginfo(" 当前位置 now: x = %f, y = %f, theta = %f", turtle_p.x,turtle_p.y,turtle_p.theta)
        rospy.loginfo(" 目标位置 target: x = %f,y = %f,theta = %f",target_p.x,target_p.y,target_p.theta)
        if dis<0.2:
            break
        msg.linear.x=dis/8
        msg.angular.z=0
        pub.publish(msg)
        rospy.sleep(1)
    rospy.sleep(1)
    msg.linear.x=0
    msg.angular.z=(target_p.theta-w)%(2*math.pi)
    pub.publish(msg)
    resp = MoveResponse(" 到达目标附近 , 任务完成 !")
```

```
        return resp          # 响应结果传回客户端

if _ _name_ _ == "_ _main_ _":
    rospy.init_node("move_server")          # 初始化 ROS 节点
    msg=Twist()
    turtle_p=Pose()
    target_p=Pose()
    sub = rospy.Subscriber("/turtle1/pose",Pose,doPose,queue_size=1) # 创建订阅对象
    pub=rospy.Publisher("/turtle1/cmd_vel",Twist,queue_size=1) # 创建发布对象
    server = rospy.Service("Move",Move,doMove) # 创建服务对象
    rospy.spin() # 调用 spin 函数启动自循环，回调函数处理消息和服务请求
```

这里控制海龟向目标点移动的做法误差较大，更好的做法是采用坐标变换（tf），以便更为准确及时地计算出相对距离，并以此为依据设置海龟的线速度和角速度，这种情况下海龟到达目标点时的位置误差可以小于0.01。有兴趣的读者请自行参考相关书籍并编写程序实现。

3. 编写客户端程序

客户端程序的实现与之前的服务调用程序比较类似，在 test_move 包的 scripts 目录下创建程序文件 move_client.py，如图 4-136 所示。

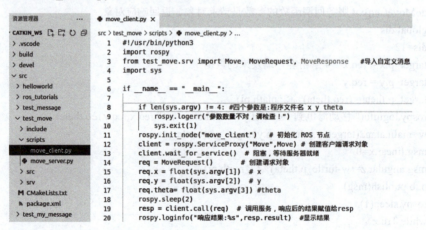

图 4-136　创建程序文件 move_client.py

程序文件 move_client.py 的内容如下：

```
#!/usr/bin/python3
import rospy
from test_move.srv import Move,MoveRequest,MoveResponse          # 导入自定义消息
import sys

if _ _name_ _ == "_ _main_ _":

    if len(sys.argv) != 4: # 四个参数是：程序文件名 .x y theta
        rospy.logerr(" 参数数量不对，请检查！ ")
        sys.exit(1)
    rospy.init_node("move_client")                               # 初始化 ROS 节点
```

```
client = rospy.ServiceProxy("Move",Move)          # 创建客户端请求对象
client.wait_for_service()                         # 阻塞，等待服务器就绪
req = MoveRequest()                               # 创建请求对象
req.x = float(sys.argv[1])                        # x
req.y = float(sys.argv[2])                        # y
req.theta= float(sys.argv[3])                     #theta
rospy.sleep(2)
resp = client.call(req)                           # 调用服务，响应后的结果赋值给 resp
rospy.loginfo(" 响应结果 : %s",resp.result)        # 显示结果
```

4. 设置配置文件

（1）设置文件 package.xml

确保文件 package.xml 中有如下内容：

<exec_depend>message_runtime</exec_depend>

（2）设置文件 CMakeLists.txt

设置文件 CMakeLists.txt 约 59 行的 add_service_files 一节，如图 4-137 所示。

设置文件 CMakeLists.txt 约 73 行的 generate_messages 一节，如图 4-138 所示。

```
58    ## Generate services in the 'srv' folder
59    add_service_files(
60      FILES
61      Move.srv
62
63    )
```

```
72    ## Generate added messages and services
73    generate_messages(
74      DEPENDENCIES
75      std_msgs
76    )
```

图 4-137　设置 add_service_files 一节　　　图 4-138　设置 generate_messages 一节

设置文件 CMakeLists.txt 约 107 行的 catkin_package 一节，如图 4-139 所示。

```
107   catkin_package(
108   #  INCLUDE_DIRS include
109   #  LIBRARIES test_move
110     CATKIN_DEPENDS roscpp rospy std_msgs turtlesim message_generation
111   #  DEPENDS system_lib
112   )
```

图 4-139　设置 catkin_package 一节

设置文件 CMakeLists.txt 约 164 行的 catkin_install_python 一节，如图 4-140 所示。

```
164   catkin_install_python(PROGRAMS
165     scripts/move_server.py
166     scripts/move_client.py
167     DESTINATION ${CATKIN_PACKAGE_BIN_DESTINATION}
168   )
```

图 4-140　设置 catkin_install_python 一节

5. 编译运行

给文件 move_server.py 和文件 move_client.py 添加执行权限，然后编译、刷新环境变量、运行，如图 4-141 所示。

数次调用 Move 服务的执行结果如图 4-142 所示。

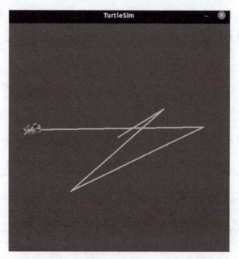

图 4-141　调用服务实现移动海龟到目标点

图 4-142　数次调用 Move 服务的执行结果

▼ 4.6　参数服务器

除了前面介绍过的消息传递，ROS 还提供了另一种参数机制用于节点间共享信息。其主要思想是用参数服务器维护一个变量集，包括整数、浮点数、字符串以及其他数据类型，每一个变量用一个较短的字符串标识，节点在运行时使用参数服务器存储和检索参数。参数服务器适用于那些不会随时间变化而频繁变更的信息，由于它不是为高性能而设计的，因此适合用于静态的非二进制数据，例如配置参数。参数服务器在 ROS 中实现了不同节点之间的数据共享，可认为是独立于所有节点的一个公共容器，数据存储在该容器中时可以被不同的节点读取或存储，类似于程序设计中的全局变量。

参数服务器由节点管理器创建和管理，在节点管理器内部运行，设置和读取参数通过远程过程调用协议（Remote Procedure Call，RPC）实现。本节介绍通过命令行，在节点内部以及在启动文件中设置和访问参数。

4.6.1　参数数据类型

参数可使用的数据类型有：

1）32 位整数。

2）布尔值。

3）字符串。

4）浮点数。

5）ISO 8601 日期型。

6）列表。

7）Base64 编码的二进制数据。

8）字典。

设置与读取参数的基本过程为：

1）设置参数，节点通过 RPC 向参数服务器发送参数（包括参数名与参数值），参数服务器将参数保存到参数列表中。

2）读取参数，节点通过 RPC 向参数服务器发送参数查询请求，请求中包含要查找的参数名。参数服务器根据其提供的参数名查询参数值，并将查询结果通过 RPC 发送给节点。

4.6.2　设置与读取参数

本节介绍如何使用 rosparam 命令设置、读取参数。

1. 查看参数列表

使用下面的命令可以查看所有参数的列表：

```
rosparam list
```

启动节点管理器后，在没有其他节点运行时，输出结果如图 4-143 所示。

这里的每一个字符串都是一个全局计算图资源的名称。参数服务器是节点管理器的一部分，它随着节点管理器的启动而启动。正常情况下，参数服务器在后台工作，无需额外关注它。参数服务器中的所有参数不属于任何特定的节点，这意味着即使是由节点创建的参数，在节点终止时该参数仍然存在。

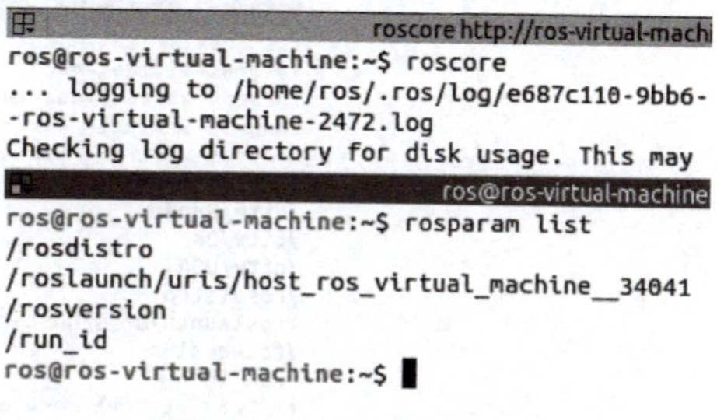

图 4-143　查看参数列表

2. 查询参数

向参数服务器查询某个参数的值时，可使用 rosparam get 命令，即

```
rosparam get parameter_name
```

例如图 4-144 所示的命令将读取 /rosdistro 参数的值。

其输出为字符串 noetic，这是当前所安装 ROS 的版本（如果读者使用其他的版本，输出的结果会不同）。除此以外，还可以查询给定命名空间中的每一个参数的值，其命令为：

rosparam get namespace

例如，通过查询全局命名空间，可以一次性看到所有参数的值，其命令为：

rosparam get /

在编者的计算机上输出结果如图 4-145 所示（在不同的计算机上可能会有不同结果）。

图 4-144　查询单个参数的值　　　　　　　图 4-145　查询多个参数的值

3. 设置参数

以下命令用于设置参数的值：

rosparam set parameter_name parameter_value

该命令可以修改已有参数的值，或者创建一个新的参数。例如，以下命令可以创建一系列字符串参数，用于存储一组国家城市名称：

rosparam set /city/China Beijing
rosparam set / city /USA Washington
rosparam set / city /UK London
rosparam set / city /Japan Tokyo

实际效果如图 4-146 所示。

```
                         ros@ros-virtual-machine: ~ 80x14
ros@ros-virtual-machine:~$ rosparam set /city/China Beijing
ros@ros-virtual-machine:~$ rosparam set /city/USA Washington
ros@ros-virtual-machine:~$ rosparam set /city/UK London
ros@ros-virtual-machine:~$ rosparam set /city/Japan Tokyo
ros@ros-virtual-machine:~$ rosparam list
/city/China
/city/Japan
/city/UK
/city/USA
/rosdistro
/roslaunch/uris/host_ros_virtual_machine__43773
/rosversion
/run_id
ros@ros-virtual-machine:~$ 
```

图 4-146　用 rosparam 命令设置参数

另外，也可以同时设置同一命名空间中的几个参数：

rosparam set namespace values

这里以 YAML 的形式表示参数和对应值的映射关系：

> rosparam set /city "China: Beijing
> USA: Washington
> UK: London
> Japan: Tokyo"

实际效果如图 4-147 所示。

需要注意的是，这种用法需要在命令中使用换行符。因为前面的引号会告诉系统命令尚未完成，所以在引号内按下 <Enter> 键时，代表插入一个换行符而不是执行命令。

冒号后的空格是非常重要的，它用于确保 rosparam 命令将其作为一个 /city 命名空间内的参数集，而不是全局命名空间中的单个字符串参数 city。在设置参数时，这个冒号是不能删除的。

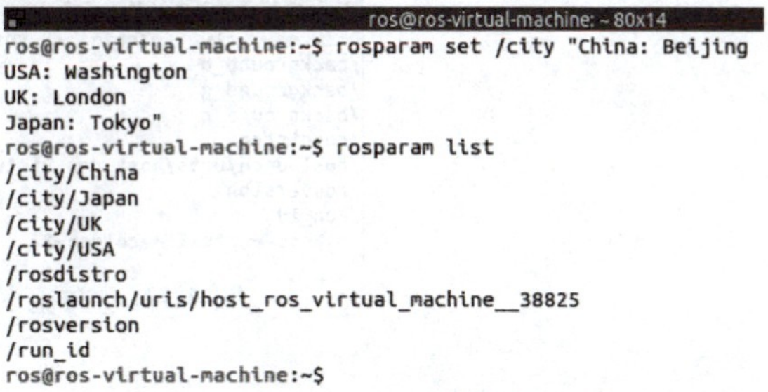

```
ros@ros-virtual-machine:~$ rosparam set /city "China: Beijing
USA: Washington
UK: London
Japan: Tokyo"
ros@ros-virtual-machine:~$ rosparam list
/city/China
/city/Japan
/city/UK
/city/USA
/rosdistro
/roslaunch/uris/host_ros_virtual_machine__38825
/rosversion
/run_id
ros@ros-virtual-machine:~$
```

图 4-147　设置参数集

4. 创建和加载参数文件

rosparam 命令能够以 YAML 文件的形式存储命名空间中的所有参数（YAML 是一种数据序列化语言，其优势在于数据结构方面的表达，主要应用于编写配置文件，其文件一般以 .yaml 为扩展名），例如下列命令用于把命名空间中的参数保存到文件 filename 中。

> rosparam dump filename namespace

与 dump 相反的命令是 load，它用于从一个文件中读取参数，并将它们添加到参数服务器。

> rosparam load filename namespace

对于这些命令，命名空间参数是可选的，默认值为全局命名空间（/）。存储和加载的组合可以用于测试，因为它提供了一种快捷方式来获取一定时间内的参数"快照"，并且可以进行场景复现。

对于参数的设置与读取，除了这里介绍的使用 rosparam 命令外，还可以在 rosrun 命令中使用，在 launch 文件中使用，以及编程使用。

4.6.3　改变背景颜色　///

本节介绍如何使用 rosparam 命令获取和改变海龟仿真窗口的背景颜色。

关闭之前打开的所有终端窗口。启动 roscore 节点和 turtlesim_node 节点，然后查询 rosparam 列表，会看到如图 4-148 所示的结果。

可以看到前面 3 个参数由 turtlesim_node 节点创建，后面 4 个参数由节点管理器创建。从 turtlesim_node 节点创建的参数名称来看，它们用于指定海龟仿真窗口中背景颜色的分量：蓝色、绿色和红色。

这说明 turtlesim_node 节点是可以创建和修改参数值的，每一个 turtlesim_node 节点启动后都会设置背景颜色为蓝色。

```
                        roscore http://ros-virtual-machine:11311/
ros@ros-virtual-machine:~$ roscore
... logging to /home/ros/.ros/log/e92f3204-8b2b-11ee-b8d
-ros-virtual-machine-4831.log
                        ros@ros-virtual-machine: ~ 80x5
ros@ros-virtual-machine:~$ rosrun turtlesim turtlesim_no
[ INFO] [1700877304.652803261]: Starting turtlesim with
[ INFO] [1700877304.656449216]: Spawning turtle [turtle1
544445], theta=[0.000000]

                        ros@ros-virtual-machine: ~ 80x13
ros@ros-virtual-machine:~$ rosparam list
/background_b
/background_g
/background_r
/rosdistro
/roslaunch/uris/host_ros_virtual_machine__37707
/rosversion
/run_id
ros@ros-virtual-machine:~$
```

图 4-148　海龟示例的参数列表

1. 获取背景颜色

可以使用 rosparam get 命令获取背景参数的值。

```
rosparam get /background_r
rosparam get /background_g
rosparam get /background_b
```

这些命令的返回值分别是 69、86 和 255。颜色分量值是一个 8 位二进制数表示的整数，取值范围是 0~255。海龟示例默认其背景颜色为（69，86，255），就是所谓的深蓝色。

2. 设置背景颜色

如果想把背景颜色由深蓝色变成黄色，可在 turtlesim_node 节点启动后，使用下列命令改变颜色参数的数值。

```
rosparam set /background_r 255
rosparam set /background_g 255
rosparam set /background_b 0
```

设置完成后，背景颜色仍然是原来的颜色，并未发生改变。这是因为只有当 turtlesim_node 节点的 /clear 服务被调用时，它才会从参数服务器中读取这些参数的值。可以使用以下命令调用 /clear 服务。

```
rosservice call /clear
```

命令执行后，背景颜色将会发生改变，变化效果如图 4-149 所示。

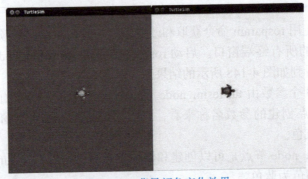

图 4-149　背景颜色变化效果

图 4-149 中，左边为改变前，右边为改变后。需要注意的是，参数值设置完成后不会自动"推送"到节点，如果节点关心参数是否改变，必须明确向参数服务器请求这些参数的值。

▼ 本章小结

本章主要介绍了 ROS 中最基本也是最核心的通信机制的实现：话题通信、服务通信和参数服务器。介绍了各种通信机制的应用场景、实现原理及 Python 编程实现。

3 种通信机制中，话题通信与服务通信是在不同的节点之间传递数据，参数服务器是一种数据共享机制，用于在不同的节点之间共享数据。话题通信和服务通信有一定的相似性，也有本质上的差异，二者的实现流程是比较相似的。在此将话题通信与服务通信做一下比较，具体情况见表 4-7。

表 4-7　话题通信与服务通信的比较

通信机制	话题通信	服务通信
通信模式	发布 / 订阅	请求 / 响应
同步性	异步	同步
底层协议	ROSTCP/ROSUDP	ROSTCP/ROSUDP
缓冲区	有	无
实时性	弱	强
节点关系	多对多	一对多 (一个 Server)
通信数据	msg	srv
使用场景	连续高频的数据发布与接收：雷达、里程计	偶尔调用或执行某一项特定功能：拍照、语音识别

不同的通信机制有一定的互补性，且都有各自适用的应用场景。话题通信适用于连续的数据流，可以在任何时间发布和订阅，且独立于任何发送者或接收者，是多对多的通信，回调函数在数据可用时接收数据；服务通信适用于快速终止的远程调用，例如查询节点状态或进行快速计算，但不适用于较长时间的处理，服务通信是一种阻塞调用。除此之外，本章还介绍了常见的消息类型，包括 std_msgs、sensor_msgs、nav_msgs 和 geometry_msgs 等。

使用 Python 编写 ROS 程序的基本步骤为：

1）新建包或使用已有的包存放程序代码，新建包时需注意包的命名要符合规范。

2）确定新建包的依赖项。

3）确定程序中要使用的话题名、服务名或参数名，及其对应的消息类型。

4）创建包及相应目录。

5）编写实现代码。

6）修改文件 CMakeLists.txt 和 package.xml 的相关配置项，为程序文件添加执行权限。

7）刷新环境变量，运行程序。

习题

1. 选择题

（1）目前主流的 ROS 编译系统是（　　　）。

A. Ament　　　　　　B. rosbuild　　　　　　C. CMake　　　　　　D. Catkin

（2）如果要导入一个 ROS 软件包，下列哪个路径是合理的存放位置？（　　　）

A. ~/catkin_ws/devel　　　　　　　　B. ~/catkin_ws/

C. ~/my_ws/src　　　　　　　　　　D. ~/catkin_ws/build

（3）默认情况下，catkin_make 生成的 ROS 可执行文件存放在哪个路径？（　　　）

A. catkin_ws/src　　B. catkin_ws/　　　C. catkin_ws/devel　　D. catkin_ws/build

（4）一个 ROS 的包要想正常编译，必须要有哪些文件？（　　　）

A. *.cpp　　　　　B. CMakeLists.txt　　　C. *.h　　　　　D. package.xml

（5）启动节点管理器的命令是（　　　）。

A. roscore　　　　　B. rosmaster　　　　　C. rosMaster　　　　　D. roslaunch

（6）关于节点的描述，哪一项是错误的？（　　　）

A. 节点启动时会向节点管理器注册　　　B. 节点可以先于节点管理器启动

C. 节点是 ROS 可执行文件运行的实例　　D. 节点是 ROS 的进程

（7）关于 launch 文件的描述，哪一项是错误的？（　　　）

A. 可以加载配置好的参数，方便快捷

B. 通过 roslaunch 命令来启动 launch 文件

C. 在使用 roslaunch 命令启动 launch 文件前必须先执行 roscore

D. 可以一次性启动多个节点，减少操作

（8）想要查看 /odom 话题发布的内容，应该用哪个命令？（　　　）

A. rostopic echo /odom　　　　　　　B. rostopic content /odom

C. rostopic info /odom　　　　　　　D. rostopic print /odom

（9）下列哪个不是 std_msgs 下的消息？（　　　）

A. std_msgs/LaserScan　　　　　　　B. std_msgs/Header

C. std_msgs/Time　　　　　　　　　D. std_msgs/Float32

（10）查看当前有哪些话题，应使用什么命令？（　　　）

A. rostopic show　　B. rostopic list　　　C. rostopic ls　　　D. rostopic show-a

（11）关于话题通信的描述，正确的有（　　　）。

A. 话题通信是一种异步通信机制

B. 一个话题至少要有一个发布者和一个订阅者

C. 查看当前活跃的话题可以通过 rostopic list 命令实现

D. 一个节点最多只能发布一个话题

（12）下列有关服务通信与话题通信区别的描述，错误的是（　　　）。

A. 话题通信是异步通信，服务通信是同步通信

B. 多个服务端可以同时提供同一个服务

C. 话题通信是单向的，服务通信是双向的

D. 话题通信适用于传感器的消息发布，服务通信适用于偶尔调用的任务

（13）已知一个服务称为 /GetMap，查看该服务的类型可以用哪条命令？（　　　）

A. rosservice echo /GetMap

B. rosservice info /GetMap

C. rossrv type /GetMap

D. rosservice list /GetMap

（14）已知 /GetMap 服务的消息类型是 nav_msgs/GetMap，要查看该类型的具体格式可用哪条命令？（　　　）

A. rossrv show /GetMap

B. rossrv show nav_msgs/GetMap

C. rosservice show nav_msgs/GetMap

D. rosservice list nav_msgs/GetMap

（15）在参数服务器上添加参数的方式不包括（　　　）。

A. 通过 rosnode 命令添加参数

B. 通过 rosparam 命令添加参数

C. 在 launch 中添加参数

D. 通过 ROS 的 API 来添加参数

（16）创建自定义消息时，下列哪个说法是错误的？（　　　）

A. 需要修改文件 CMakeLists.txt 的 add_message_files() 部分

B. 需要修改文件 CMakeLists.txt 的 add_service_files() 部分

C. 需要修改文件 CMakeLists.txt 的 catkin_install_python() 部分

D. 需要创建并编辑 .msg 文件

（17）下面哪个命令可以查看当前 ROS 中所有可用的服务？（　　　）

A.rosservice list　　　　B. rosservice info　　　C. rosservice call　　　　D. rosservice pub

（18）在 ROS 中，创建功能包的命令为（　　　）。

A. roslaunch　　　　　B. rosrun　　　　　　C. catkin_create_pkg　　　　D. roscd

（19）初始化 ROS 的命令为（　　　）。

A. sudo rosdep init

B. rosversion-d

C. apt-cache search ros-kinrtic

D. sudo apt-get update

（20）用于管理包的依赖项的命令行工具是（　　　）。

A. rosdep　　　　　　B. rosls　　　　　　　C. rospack　　　　　D. roscd

（21）rosrun 命令的意思是（　　　）。

A. 启动 ROS 节点管理器

B. 启动 launch 文件

C. 启动 ROS

D. 启动 ROS 节点

（22）ROS 提供的直接切换工作目录到某个软件包或者软件包集当中的命令是（　　　）。

A. rosdep　　　　　　B. rosls　　　　　　　C. rospack　　　　　D. roscd

（23）Python 文件在写好之后，应修改功能包的哪个文件，使得 .py 文件能被识别？（　　　）

A. package.xml　　　B. src　　　　　　C. CMakeLists.txt　　　D. Build

（24）编译工作空间的命令为（　　　）。

A. make　　　　　　B. make install　　　　C. catkin_make　　　D. catkin_make install

2. 问答题

（1）创建 ROS 工作空间的命令是什么？编译工作空间中的包的命令是什么？

（2）请简述创建工作空间 catkin_ws 并创建包的过程。

（3）按顺序写出在工作空间中创建包（包名为 test_package，依赖项为 roscpp、rospy 和 std_msgs）的命令。

（4）某个软件包的包名和包中的程序在 rosrun 命令中不能按 <Tab> 键补全，原因有哪些？如何解决？

（5）海龟示例 turtlesim 在运行时有哪些节点？发布了哪些话题？话题使用的消息类型是什么？

（6）海龟示例 turtlesim 在运行时提供了哪些服务？

（7）海龟示例 turtlesim 在运行时可以设置哪些参数？

（8）简述话题和服务通信方式各自有什么特点。

（9）参数服务器由节点管理器还是用户节点管理？为什么说参数服务中的参数类似 C 语言中的全局变量？

3. 操作题

（1）运行海龟示例 turtlesim 包的 turtlesim_node 程序，启动键盘控制节点 turtle_teleop_key 来控制海龟运动，使用 rosmsg 命令观察节点的消息传递情况。

（2）运行海龟示例 turtlesim 包的 turtlesim_node 程序，使用 rostopicpub 命令来控制海龟运动，并使其运动轨迹如图 4-150 所示。

图 4-150　海龟运动轨迹（1）

（3）运行海龟示例 turtlesim 包，结合 rostopic 和 rosservice 命令控制海龟运动，使其运动轨迹如图 4-151 所示。

（4）运行海龟示例 turtlesim 包，使用 Python 编写消息发布程序，使海龟的运动轨迹如图 4-150 所示。

（5）运行海龟示例 turtlesim 包，使用 Python 编写消息发布和服务调用程序，使海龟的运动轨迹如图 4-151 所示。

（6）运行海龟示例 turtlesim 包，然后启动键盘控制节点来控制海龟运动，使用 Python 编写消息订阅程序，实现在屏幕上修改背景颜色。

（7）使用 Python 编写消息发布订阅程序，实现如下功能：创建发布者节点发布自定义话题，内容为 "hello world" 及当前的时间。再创建一个订阅者节点用于订阅话题，获取到话题后在终端命令行打印出来。

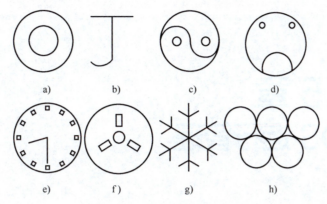

图 4-151　海龟运动轨迹（2）

（8）运行海龟示例 turtlesim 包，编写 Python 程序，调用 /clear 服务。

（9）运行海龟示例 turtlesim 包，编写 Python 程序，调用 /kill 服务。

（10）运行海龟示例 turtlesim 包，编写服务调用程序实现如下功能：在海龟仿真区域内随机生成 5 个坐标位置不相同的海龟。

（11）运行海龟示例 turtlesim 包，编写服务调用程序生成海龟，程序运行时输入如下参数：x 坐标、y 坐标、朝向和海龟名称。

（12）运行海龟示例 turtlesim 包，编写服务调用程序修改海龟运行轨迹颜色和大小。

（13）运行海龟示例 turtlesim 包，使用命令修改海龟仿真窗口的背景颜色为绿色，海龟运行轨迹颜色为黑色，线宽为 7。

（14）编写服务调用程序，调用 /turtle1/teleport_absolute 服务移动海龟，在程序运行时输入目标位置的 x 坐标、y 坐标和朝向。

（15）编写服务调用程序，调用 /turtle1/teleport_relative 服务移动海龟，在程序运行时输入线速度和角速度。

（16）自定义服务并编写服务调用程序，实现加、减、乘、除功能，程序运行时输入的参数格式为：数值 1 运算符数值 2。

（17）自定义服务并编写服务调用程序，实现与 /turtle1/teleport_absolute 服务类似的功能。

（18）自定义服务并编写服务调用程序，实现与 /turtle1/teleport_relative 服务类似的功能。

第5章
ROS 运行管理

本章介绍计算图资源命名、launch 文件编写、节点与话题的重命名、设置修改参数、ROS 分布式通信设置、消息录制与回放、日志消息以及可视化与仿真。

▼ 5.1 计算图资源命名

计算图资源命名是 ROS 中提供封装的重要机制。每个资源都在一个命名空间中定义，它可以与许多其他资源共享。通常可以在命名空间内创建资源，也可以访问命名空间内的资源或其他资源，还可以在不同命名空间中的资源之间建立连接。这种封装将系统的不同部分隔离开来，可以防止意外获取错误的命名资源或全局劫持名称。

在前面的章节中，用 "turtle1/cmd_vel" 和 "turtle1/pose" 等字符串作为话题的名称，这便是计算图资源名称的例子。本节介绍 ROS 如何为它的各类计算图资源（如节点、话题、参数和服务等）命名，以及 ROS 是如何解决命名问题的，这些内容与 ROS 中大部分的概念相关。

5.1.1 命名规范

1. 包

ROS 包（Package）命名的第一个字符是字母，后续字符可以是字母、数字和下画线（_）。在实际应用中，包在命名习惯上只使用小写字母开头，后续字符由小写字母、数字和下画线组成。

2. 计算图

计算图资源命名的第一个字符可以是字母、波浪线（~）或正斜杠（/），后续字符可以是字母、数字、下画线（_）或正斜杠（/）。

没有任何命名空间限定符的名称是基本名称，基本名称实际上是相对名称的子类，最常用于初始化节点名称。需要注意的是，基本名称中不能包含正斜杠（/）或波浪线（~）。

5.1.2 全局名称

节点、话题、服务和参数服务器统称为计算图资源，每个计算图资源都有一个字符串标识，称为计算图资源名称。计算图资源名称在 ROS 命令行和代码中广泛使用，前面已经多次接触过它们，例如 rosnode info 命令行工具和 rospy.init_node 函数都将节点名称作为其参数，rostopic echo 命令行工具和 rospy.Publisher 函数则都要求提供话题名称作为参数。

下面是计算图资源名称的示例：

```
/teleop_turtle
/turtlesim
/turtle1/cmd_vel
/turtle1/pose
/run_id
/count_and_log/set_logger_level
```

这些计算图资源名称都属于全局名称。之所以称为全局名称，因为它们在任何地方（包括代码、命令行工具和图形界面工具等地方）都可以使用。无论这些名称用作命令行工具的参数还是用在节点内部，它们都有明确的含义。这些名称不会产生歧义，也无需额外的上下文信息来说明名称指的是哪个资源。

一个全局名称有以下几个组成部分：

1）正斜杠 "/"。

2）命名空间（在两个斜杠之间）。

3）基本名称。

正斜杠表明这个名称是全局名称，每个正斜杠代表一级命名空间。命名空间用于将相关的计算图资源归类在一起。在上面的示例中，turtle1 和 count_and_log 就是命名空间。ROS 允许有多层的命名空间，所以下面这个包含了 11 个嵌套命名空间的名称也是有效的全局名称。

```
/a/b/c/d/e/f/g/h/i/j/k/l
```

如果没有显式提及所属的命名空间，则对应的计算图资源名称是归属在全局命名空间中的。上述示例中的基本名称分别为 teleop_turtle、turtlesim、cmd_vel、pose、run_id 和 set_logger_level。

5.1.3 相对名称

使用全局名称时，为了明确一个计算图资源，需要完整列出其所属的命名空间，如果命名空间层次比较多，可能会比较烦琐。在这种情况下，可以使用相对计算图资源名称，简称相对名称。相对名称的典型特征是它的前面没有代表全局名称的正斜杠 "/"。下面是相对名称的示例：

```
teleop_turtle
turtlesim
cmd_vel
turtle1/pose
run_id
count_and_log/set_logger_level
```

因为没有明确命名空间，所以相对名称并不能和特定的计算图资源匹配，也就不能确定计算图资源。

1. 解析相对名称

将当前默认的命名空间名称加在相对名称的前面，就可以将相对名称解析为全局名称。例如在默认命名空间为 /turtle1 的地方使用相对名称 cmd_vel，那么 ROS 通过下面的组合方法就得到了全局名称。

/turtle1	+	cmd_vel	⇒	/turtle1/cmd_vel
默认命名空间		相对名称		全局名称

相对名称也可以从一系列的命名空间开始，这些命名空间被看作是默认命名空间中的嵌套空间。例如在默认命名空间为 /a/b/c/d 的地方使用相对名称 e/f/g/h，则组合后得到的全局名称如下：

/a/b/c/d	+	e/f/g/h	⇒	/a/b/c/d/e/f/g/h
默认命名空间		相对名称		全局名称

2. 设置默认命名空间

默认命名空间是需要单独为每个节点设置的。为节点设置默认命名空间的常用方法是在 launch 文件中使用命名空间属性（ns）。

大部分 ROS 程序都可以接收名为"__ns"的命令行参数，此参数会指定一个默认命名空间，即：

```
__ns:=default-namespace
```

3. 理解相对名称

使用相对名称除了可以避免在每次编写代码时都用完整的全局名称以外，更重要的是为使用较小的系统构建复杂系统提供了比较容易的实现方法。当一个节点内的计算图资源全部使用相对名称时，能够给用户提供一种比较简单的移植手段，使用户可以方便地将此节点和话题移植到其他的命名空间。这种灵活性可以使系统的组织结构更清晰，也能够防止整合来自不同来源的节点时发生名称冲突。在开发较复杂项目时，如果所有节点都使用全局名称命名计算图资源，就很难实现高效的资源整合。所以，除非一些特殊情况，否则编写程序时，节点最好使用相对名称。

5.1.4 私有名称 ///

私有名称以一个波浪线（~）开始。和相对名称一样，私有名称并不能完全确定它们自身所在的命名空间，而是需要 ROS 客户端库将这个名称解析为一个全局名称。与相对名称的主要差别在于，私有名称不使用当前默认的命名空间，而是用它们的节点名称作为命名空间。

例如有一个节点，它的节点名称是 /sam/vel，则 ROS 会将其私有名称 ~max_vel 转换为如下的全局名称：

/sam/vel	+	~max_vel	⇒	/sam/vel/max_vel
节点名称		私有名称		全局名称

使用私有名称是由于每个节点内部都有这样一些资源，它们只与本节点有关，不会与其他节点打交道，这些资源就可以使用私有名称。私有名称常用于命名参数，在编写 roslaunch 文件时，有专门的功能用于设置私有名称可以访问的参数。私有名称也用于管理一个节点提供的服务，常见错误是将话题命名为私有名称，因为如果要保持节点的低耦合性，话题就不能被特定节点所"拥有"。

私有名称的"私有"仅仅表示其他节点不会使用它们所在的命名空间，也就是仅在命名空间层面上有意义。对于其他节点来讲，只要知道了私有名称解析后的全局名称，就可以通过其全局名称访问这些计算图资源。

5.1.5　匿名名称

除了以上 3 种基本的命名类型，ROS 还提供了另一种被称为匿名名称的命名类型，匿名名称一般用于为节点命名（这里的"匿名"并非指没有名字，而是指非用户指定而又没有具体含义的名字）。匿名名称的提供目的是使节点的命名更容易遵守唯一性规则。当节点调用初始化方法时，可以请求一个自动分配的唯一名称。

要实现匿名名称，可以在初始化节点时将 anonymous 参数设置为 True：

```
rospy.init_node("helloworld",anonymous=True)
```

实际效果如图 5-1 所示。

这个附加选项的作用是在节点的基本名称后面增加一些字符文本，以确保节点的名字是唯一的。使用匿名名称可以多次运行同一节点程序产生大量副本，而不会导致命名冲突，这在调试程序时比较有用。

在图 5-2 中，同一程序启动了 3 次，但因为使用了匿名名称，3 次启动同一程序也不会导致节点重名。

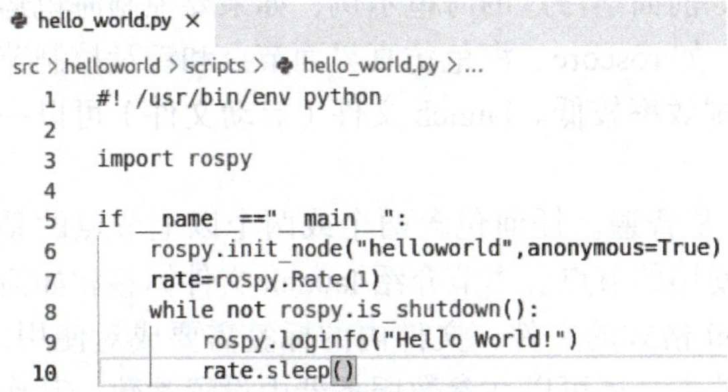

图 5-1　实现匿名名称 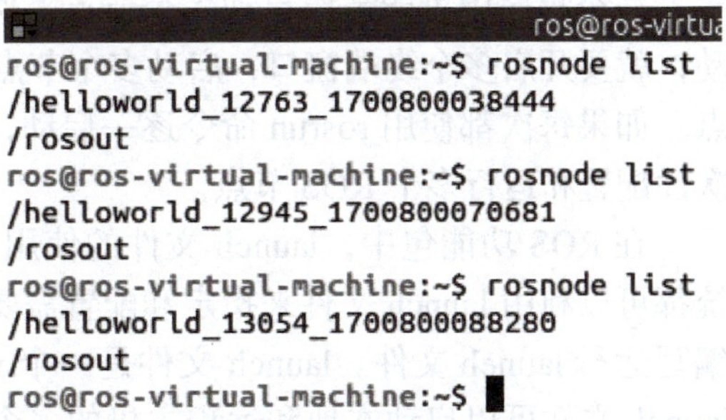　　　　　　　　图 5-2　3 次启动同一程序

容易理解，使用匿名名称命名时用到了处理器时间，每个程序开始运行时，就会得到一个具备唯一性的名字。

5.1.6　多工作空间

在 ROS 开发中，需要创建工作空间目录，然后在工作空间中创建包。ROS 工作空间目录可以同时存在多个，此时就可能会出现一种情况：虽然同一工作空间内的功能包不能重名，但是自定义工作空间的功能包与内置的功能包可以重名，或者不同的自定义工作空间中也可以出现重名的功能包，那么调用该名称的功能包时，会调用哪一个呢？例如自定义工作空间 A 中存在 turtlesim 包，自定义工作空间 B 中也存在 turtlesim 包，当然系统内置空间中同样存在 turtlesim 包，如果调用 turtlesim 包，会调用哪个工作空间中的呢？这种情况称为工作空间覆盖，即不同的工作空间中，存在重名的功能包的情形。

同名包示例如下：新建工作空间 A 与工作空间 B，在两个工作空间中都创建 turtlesim 包。然后在文件 ~/.bashrc 下添加环境刷新命令，即：

```
source/home/ 用户 / 路径 / 工作空间 A/devel/setup.bash
source/home/ 用户 / 路径 / 工作空间 B/devel/setup.bash
```

接下来，新打开一个终端窗口，使用 echo $ROS_PACKAGE_PATH 命令查看 ROS 环境变量。此时可以看到系统加载工作空间的顺序为"工作空间 B、工作空间 A、系统内置空间"，此时使用 roscd turtlesim 命令会进入工作空间 B。ROS 程序在运行时会根据解析的环境配置文件 ~/.bashrc 来生成 ROS_PACKAGE_PATH 环境变量，ROS 程序会使用该变量查找功能包，ROS_PACKAGE_PATH 环境变量按照文件 ~/.bashrc 的配置来设置工作空间的优先级。在文件 ~/.bashrc 中，后设置的工作空间的优先级高于先设置的，但在 ROS_PACKAGE_PATH 环境变量中，优先级高的工作空间会放在前面。

当存在多个工作空间时，如果当前工作空间 B 的优先级更高，则意味着当程序调用 turtlesim 包时，不会调用工作空间 A 中的，也不会调用系统内置的。如果工作空间 A 中有其他功能包依赖于该工作空间 A 的 turtlesim 包，ROS 程序在执行时将会调用工作空间 B 中的 turtlesim 包，从而导致执行异常，出现安全隐患。

▼ 5.2　launch 文件

一个程序中可能需要启动多个节点，例如前面学习过的海龟示例，如果要控制海龟运动，就要开启多个终端窗口，启动多个节点，如 roscore、海龟仿真界面节点和键盘控制节点。如果每次都使用 rosrun 命令逐一启动，则效率较低。launch 文件（启动文件）可以一次性配置和运行多个 ROS 节点。

在 ROS 功能包中，launch 文件的使用非常普遍。任何包含两个或两个以上节点的系统都可以利用 launch 文件来指定和配置需要使用的节点。本节介绍 launch 文件标签和如何编写运行 launch 文件。launch 文件是一个 xml 格式的文件，文件内的标签需要成对使用。launch 文件可以启动本地和远程主机的多个节点，还可以在参数服务器中设置参数。其作用是简化节点的配置与启动，提高 ROS 程序的启动效率。

5.2.1　launch 文件标签

本节介绍 launch 文件中的常见标签，以及不同标签的一些常用属性。

1. launch 标签

launch 标签是所有 launch 文件的根标签，可作为其他标签的容器，所有其他标签都是 launch 标签的子级。

2. node 标签

node 标签用于指定 ROS 节点，它是最常见的标签。需要注意的是，roslaunch 命令在运行 launch 文件时，不一定按照 node 标签的声明顺序来启动节点。

（1）属性

1）pkg="package-name"——节点所属的包。

2）type="nodeType"——节点类型，即可执行文件。

3）name="nodeName"——节点名称，即在 ROS 网络拓扑中的节点的名称。

4）args="xxx xxx xxx"——将参数传递给节点（可选）。

5）machine=" 机器名 "——在指定机器上启动节点。

6）respawn="true|false"——（可选）如果节点退出，是否自动重启。

7）respawn_delay="N"——（可选）如果 respawn 为 true，那么延迟 N 秒后启动节点。

8）required="true|false"——（可选）该节点是否必要，如果为 true，那么一旦该节点退出，将终止 launch 文件启动的其他节点。

9）ns="xxx"——（可选）在指定的命名空间 xxx 中启动节点。

10）clear_params="true|false"——（可选）在启动前，删除节点的私有空间的所有参数。

11）output="log|screen"——（可选）日志发送目标，可以设置为日志文件 log 或屏幕 screen，默认是 log。

（2）子级标签

1）Env——环境变量设置。

2）remap——重映射节点名称。

3）rosparam——设置多个参数。

4）param——设置单个参数。

3. include 标签

include 标签用于将另一个 xml 格式的 launch 文件导入到当前文件。

（1）属性

1）file="$（find 包名）/xxx/xxx.launch"——要包含的文件路径。

2）ns="xxx"——（可选）在指定的命名空间导入文件。

（2）子级标签

1）env——环境变量设置。

2）arg——将参数传递给被包含的文件。

4. remap 标签

remap 标签用于话题重命名，它有以下属性：

1）from="xxx"——原话题名称。

2）to="yyy"——目标话题名称。

5. param 标签

param 标签主要用于在参数服务器上设置参数，参数值可以在标签中通过 value 指定，也可以通过外部文件加载，在 node 标签中使用 param 时，相当于使用私有名称命名。

其常用属性如下：

1）name=" 命名空间 / 参数名 "——参数名称，可以包含命名空间。

2）value="xxx"——（可选）定义参数值，如果此处省略，则必须指定外部文件作为参数源。

3）type="str|int|double|bool|yaml"——（可选）指定参数类型，如果未指定，roslaunch 会尝试按下列规则确定参数类型：如果是包含 "."的数字，则解析为浮点型，否则为整型； "true" 和 "false" 确定为布尔值（不区分大小写），其他是字符串。

6. rosparam 标签

rosparam 标签可以从 YAML 文件中导入参数，或将参数导出到 YAML 文件，也可以用来删除参数，rosparam 标签在 node 标签中时被视为私有。

其常用属性如下：

1）command="load|dump|delete"——（可选，默认 load）加载、导出或删除参数。

2）file="$(find xxxxx)/xxx/yyy...."——加载或导出参数到 YAML 文件。

3）param=" 参数名称 "——指定参数。

4）ns=" 命名空间 "——（可选）指定命名空间。

7. group 标签

group 标签可以对节点分组，具有 ns 属性，可以让节点归属于某个命名空间。

其常用属性如下：

1）ns=" 名称空间 "——（可选）指定名称空间。

2）clear_params="true|false"——（可选）启动前是否删除命名空间的所有参数。

8. arg 标签

arg 标签用于动态传递参数，类似于函数的参数，可以增强 launch 文件的灵活性。

其常用属性如下：

1）name=" 参数名称 "——设置参数名称。

2）default=" 默认值 "——（可选）设置默认值。

3）value=" 数值 "——（可选）设置参数值，不可以与 default 并存。

4）doc=" 描述 "——参数说明。

launch 文件使用 arg 标签传递参数的示例如下：

```
<launch>
    <arg name="xxx" />
    <param name="param" value="$(arg xxx)" />
</launch>
```

launch 文件运行时传递参数的命令如下：

```
roslaunch hello.launch xxx:= 值
```

5.2.2 编写 launch 文件

为便于使用和管理，launch 文件一般从属于某个包。下面以在之前创建的 helloworld 包中新建 launch 文件运行海龟示例为例，介绍如何编写 launch 文件。

在 helloworld 包下新建 launch 目录，在 launch 目录下新建文件 demo.launch，如图 5-3 所示。

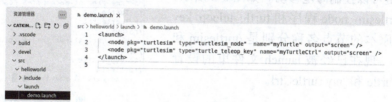

图 5-3　新建文件 demo.launch

海龟示例在运行时需要启动节点管理器 roscore、海龟仿真界面节点 turtlesim_node 和键盘控制节点 turtle_teleop_key。在文件 demo.launch 中输入以下内容：

```
<launch>
  <node pkg="turtlesim" type="turtlesim_node"  name="myTurtle" output="screen" />
  <node pkg="turtlesim" type="turtle_teleop_key" name="myTurtleCtrl" output="screen" />
</launch>
```

启动 launch 文件应使用 roslaunch 命令，执行时会先判断是否已经启动了 roscore，如果节点管理器未启动，会自动调用 roscore 启动节点管理器。因此在文件 demo.launch 中不需要启动节点管理器，只需运行海龟仿真界面程序 turtlesim_node 和键盘控制程序 turtle_teleop_key。文件中各个参数的含义如下：

1）node——包含的节点。

2）pkg——节点所属的功能包。

3）type——运行的节点文件（可执行文件）。

4）name——节点名称。

5）output——设置日志的输出目标。

确认文件 demo.launch 编写无误后保存。新打开一个终端窗口，输入下列命令运行 demo.launch 文件。

```
roslaunch helloworld demo.launch
```

运行结果如图 5-4 所示。

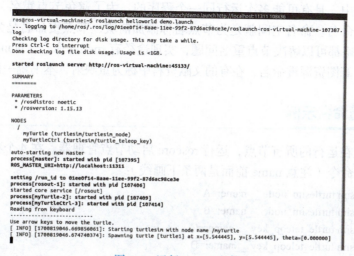

图 5-4　运行 launch 文件

按方向键可以控制海龟移动。如图 5-5 所示，可以看到 turtlesim_node 程序和 turtle_teleop_key 程序运行前原本的节点名称分别是 /turtlesim 和 /teleop_turtle，现在已经被 launch 文件里的设置改变为 /myTurtle 和 /myTurtleCtrl。

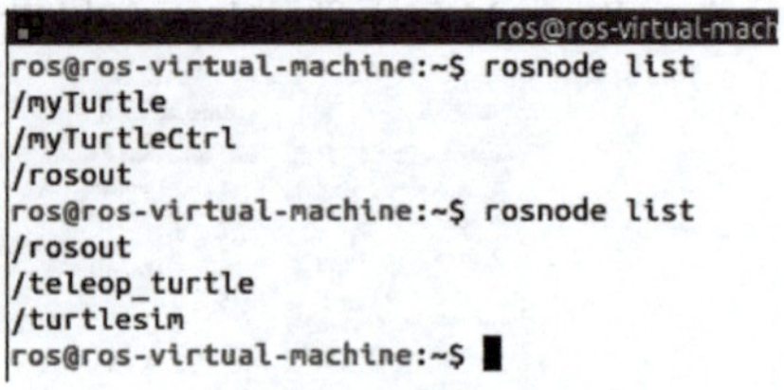

图 5-5　查看节点

5.2.3　launch 文件远程启动

在实际应用中，不同的功能节点可能会放在不同的服务器上，可以编写 launch 文件来远程启动相应的节点或是订阅不同服务器上的话题。

下面的 launch 文件会远程启动节点程序 talker.py，该程序属于 IP 地址为 192.168.1.132 的设备上的 testpackage 包：

```
<launch>
    <machine name="hostname" address="192.168.1.132" user="trunk"
env-loader="/opt/ros/noetic/test_evn.sh"></machine>
    <node machine="hostname" name="talker" pkg="testpackage" type="talker.py"
output="screen" ></node>
</launch>
```

machine 标签里的 name 参数用于指定远程主机名，address 参数用于指定 IP 地址，user 是该主机的登录用户，env-loader 用于指定主机的环境变量脚本文件。

要实现在 launch 文件中远程启动节点，还需要设置 SSH 免密登录。

▼ 5.3　节点重命名

在 ROS 的网络拓扑中，是不可以出现重名节点的。如果有节点重名，那么调用时会产生混淆，这也意味着不能启动重名节点或者多次启动同一个节点。在 ROS 中，如果启动重名节点的话，之前已经存在的节点会被直接关闭。

在开发实践中，是有可能多次运行同一个程序的。为了避免节点重名，ROS 会使用命名空间或节点重命名。命名空间就是为节点名称添加前缀，节点重命名是为节点起另外的名称。这两种策略都可以解决节点重名问题，实现途径有 rosrun 命令、launch 文件和编码。

ROS 中的计算图资源重命名，在有的文献资料中称为重映射，本书统一称为重命名。

5.3.1　节点重命名示例

关闭当前正在运行的所有节点，运行 roscore 启动节点管理器。在 4 个独立的终端窗口中运行如下 4 条命令（注意 name 前面是两条下画线）：

```
rosrun turtlesim turtlesim_node __name:=A
rosrun turtlesim turtlesim_node __name:=B
rosrun turtlesim turtle_teleop_key __name:=C
rosrun turtlesim turtle_teleop_key __name:=D
```

这些命令运行后将会产生两个海龟仿真节点和两个键盘控制节点的实例，如图 5-6 所示。

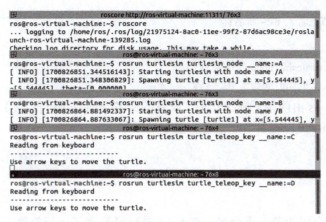

图 5-6　节点重命名示例

　　上述 rosrun 命令中的 __name 参数覆盖了每个节点的默认名称，这就是在 rosrun 命令中使用节点重命名。

　　从图 5-7 中可以看出，虽然两次运行的是同一个程序，但是海龟仿真节点的名称并不相同，分别是 A 和 B，键盘控制节点的名称分别是 C 和 D。

　　如果不做节点重命名，两次运行的节点会同名，此时后运行的节点将会把之前的节点踢出，即只能有一个节点运行。节

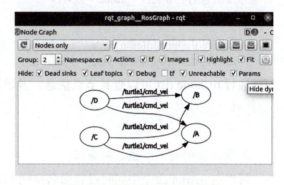

图 5-7　节点重命名的计算图

点重命名在调试和修改程序的时候是很有用的，因为这种机制会保证不出现错误地运行多个同名节点。

　　在这个例子中，每个键盘控制节点连接了两个海龟示例节点。因为这两种节点分别发布和订阅了 /turtle1/cmd_vel 话题，所以不管哪个节点发布了 /turtle1/cmd_vel 话题的消息，这些消息都将会传送给每个订阅了该话题的节点。键盘控制节点 C 发布的每条消息都会传送给 A 和 B 两个节点，D 节点发布的消息也会同样传送给 A 和 B 节点。当这些消息到达海龟示例节点时，海龟将会相应地移动，而不管这条消息是哪个节点发布的。这个例子也说明了基于话题和消息的通信机制是多对多的，即多个发布者和多个订阅者可以共享同一个话题。

　　本例中，不需要对海龟示例进行重新编程来接收节点发布的运动命令，键盘控制节点也不需要重新设计来一次性控制多个海龟示例。节点重命名在类似的应用场景中非常高效方便。

5.3.2　命名空间

本节介绍如何使用 rosrun 命令设置命名空间来解决节点重命名。

1. 命名空间

使用 rosrun 命令设置命名空间的语法为：

```
rosrun 包名   节点名 __ns:= 新名称
```

例如：

```
rosrun turtlesim turtlesim_node __ns:=/xxx
rosrun turtlesim turtlesim_node __ns:=/yyy
```

注意，参数 __ns 由两条下画线开头，设置的命名空间以正斜杠（/）开头。

运行 rosnode list 可以查看节点信息，显示结果如下：

```
/xxx/turtlesim
/yyy/turtlesim
```

2. 节点重命名

使用 rosrun 命令可为节点重命名，在 5.3.1 节已经看到了运行效果，其语法格式为：

```
rosrun 包名   节点名 __name:= 新名称
```

例如：

```
rosrun turtlesim  turtlesim_node __name:=t1
rosrun turtlesim  turtlesim_node __name:=t2
```

运行 rosnode list 可以查看节点信息，显示结果如下：

```
/t1
/t2
```

3. 命名空间与节点重命名叠加

可以在 rosrun 命令中同时设置命名空间和节点重命名，其语法格式为：

```
rosrun 包名   节点名 __ns:= 新名称 __name:= 新名称
```

下列命令可运行 turtlesim_node 程序，同时设置命名空间和节点重命名：

```
rosrun turtlesim turtlesim_node __ns:=/xxx __name:=tn
```

运行 rosnode list 可以查看节点信息，显示结果如下：

```
/xxx/tn
```

需要注意的是，上述命令中的"ns"或者"name"前有两条下画线（__），用于命名空间和节点重命名的字符要符合命名规范。

5.3.3 launch 文件设置重命名

在 launch 文件的 node 标签中有 name 和 ns 两个属性，二者分别用于设置节点重命名与命名空间。用 launch 文件设置命名空间与节点重命名也比较简单，如下所示：

```
<launch>
   <node pkg="turtlesim" type="turtlesim_node" name="t1" />
   <node pkg="turtlesim" type="turtlesim_node" name="t2" />
   <node pkg="turtlesim" type="turtlesim_node" name="t1" ns="hello"/>
</launch>
```

在 launch 文件的 node 标签中，name 属性是必需的，ns 属性可选。

运行 rosnode list 可以查看节点信息，显示结果如下：

```
/t1
/t2
/t1/hello
```

5.3.4　程序设置重命名

可在 Python 中编程来实现重命名，设置参数 anonymous=True，即：

```
rospy.init_node("lisi",anonymous=True)
```

程序运行后会在节点名称后面增加时间戳，确保节点名称唯一。

▼ 5.4　话题重命名

在 ROS 中，节点名称可能出现重名的情况，同理话题名称也可能重名。ROS 不同节点之间的通信都依赖于话题，如果话题重名，系统虽然不会抛出异常，但是可能导致订阅的消息是非预期的，从而导致节点运行异常，这种情况下需要将两个节点的话题名称由相同修改为不同。另外一种情况是两个节点可以通信，且两个节点之间使用了相同的消息类型，但是，由于话题名称不同，导致通信失败，这种情况下需要将两个节点的话题名称由不同修改为相同。

在实际应用中，有时需要将相同的话题名称设置为不同，有时需要将不同的话题名称设置为相同。在 ROS 中对此给出的解决策略与节点重命名类似，也是使用名称重命名或为名称添加前缀的方法。5.1 节已经介绍过，根据前缀不同，名称有全局、相对和私有 3 种基本类型，而此外的匿名类型会在名称后面加上时间戳。本节介绍话题重命名的实现方法。

5.4.1　rosrun 命令重命名话题

ROS 提供了通用的键盘控制功能包 ros-noetic-teleop-twist-keyboard。该功能包可以控制机器人的运动，作用类似于海龟的键盘控制节点，可以使用 sudo apt install ros-noetic-teleop-twist-keyboard 命令来安装该功能包，然后执行 rosrun teleop_twist_keyboard teleop_twist_keyboard.py，启动海龟仿真节点，这时还不能控制海龟运动，因为它们使用的话题名称不同，通用按键控制节点使用的是 cmd_vel 话题，海龟仿真节点使用的是 /turtle1/cmd_vel 话题，需要将话题名称修改一致才能实现控制。本节介绍的使用 rosrun 命令重命名话题和 5.4.2 节介绍的使用 launch 文件重命名话题都是用于解决这个问题。

使用 rosrun 命令重命名话题的语法为：

```
rosrun 包名　节点名　话题名 := 新话题名称
```

实现通用键盘控制节点与海龟仿真节点通信的方法有两种。

（1）将 teleop_twist_keyboard 节点的 /cmd_vel 话题重命名为 /turtle1/cmd_vel 话题

启动通用键盘控制节点，设置话题重命名：

```
rosrun teleop_twist_keyboard teleop_twist_keyboard.py /cmd_vel:=/turtle1/cmd_vel
```

然后启动海龟仿真节点：

```
rosrun turtlesim turtlesim_node
```

（2）将海龟仿真节点的 /turtle1/cmd_vel 话题重命名为 /cmd_vel 话题

启动海龟仿真节点，设置话题重命名：

```
rosrun turtlesim turtlesim_node /turtle1/cmd_vel:=/cmd_vel
```

然后启动通用键盘控制节点：

```
rosrun teleop_twist_keyboard teleop_twist_keyboard.py
```

由此二者即可以实现正常通信。

5.4.2　launch 文件重命名话题

launch 文件重命名话题即在 node 标签中使用重命名子标签 remap，语法格式为：

```
<node pkg="xxx" type="xxx" name="xxx">
  <remap from=" 原话题 " to=" 新话题 " />
</node>
```

（1）将 teleop_twist_keyboard 节点的 /cmd_vel 话题重命名为 /turtle1/cmd_vel 话题

```
<launch>
  <node pkg="turtlesim" type="turtlesim_node" name="t1" />
  <node pkg="teleop_twist_keyboard" type="teleop_twist_keyboard.py" name="key">
    <remap from="/cmd_vel" to="/turtle1/cmd_vel" />
  </node>
</launch>
```

（2）将海龟显示节点的 /turtle1/cmd_vel 话题重命名为 /cmd_vel 话题

```
<launch>
  <node pkg="turtlesim" type="turtlesim_node" name="t1">
    <remap from="/turtle1/cmd_vel" to="/cmd_vel" />
  </node>
  <node pkg="teleop_twist_keyboard" type="teleop_twist_keyboard.py" name="key" />
</launch>
```

由此二者即可以实现正常通信。

5.4.3　程序重命名话题

在程序中设置话题重命名主要采用话题加前缀的方式，在调用 rospy.Publisher() 函数的时候进行，可以把话题名称设置为全局名称、相对名称或私有名称。

1. 设置为全局名称

话题名称以 "/" 开头，和节点名称无关。

（1）示例 1：pub=rospy.Publisher("/chatter",String,queue_size=100)

节点运行后的话题名称为 "/chatter"。

（2）示例 2：pub=rospy.Publisher("/chatter/something",String,queue_size=100)

节点运行后的话题名称为 "/chatter/something"。

2.设置为相对名称

话题名称不以"/"开头，参考命名空间来确定话题名称。

（1）示例 1：pub=rospy.Publisher("chatter",String,queue_size=100)

节点运行后的话题名称为"namespace/chatter"。

（2）示例 2：pub=rospy.Publisher("chatter/something",String,queue_size=100)

节点运行后的话题名称为"namespace/chatter/something"。

3.设置为私有名称

话题名称以"~"开头。

（1）示例 1：pub=rospy.Publisher("~chatter",String,queue_size=100)

节点运行后的话题名称为"/xxx/hello/chatter"。

（2）示例 2：pub=rospy.Publisher("~chatter/something",String,queue_size=100)

节点运行后的话题名称为"/xxx/hello/chatter/something"。

5.4.4　反向海龟

本节通过反向海龟示例来进一步说明话题重命名是如何起作用的。在这个示例中，使用 turtle_teleop_key 来控制 turtlesim 中海龟的运动，但是让每一个方向键的含义都相反。即让左键控制顺时针旋转，右键控制逆时针旋转，上键控制倒退，下键控制前进。这样做看上去不合常理，但是它能够代表一类问题，即一个节点发布的消息一定要转化为另一个节点所期望的格式。

容易想到的方法是复制修改 turtle_teleop_key 的源代码，以达到想要的效果。但是这种做法必须先理解代码，而且会造成代码重复。

这里采用另一种做法，即编写一个程序订阅原有的按键控制节点消息，反向处理后再发布出去，发布反向处理后的消息必须使用新的话题。通过话题重命名，海龟仿真节点订阅新的话题，从而不用重写海龟仿真程序就可以实现反向控制。

新建 turtle_reverse 包，依赖项为 roscpp、rospy、std_msgs、geometry_msgs 和 turtlesim，然后创建 scripts 目录和 launch 目录，在 scripts 目录下创建 reverse_cmd_vel.py 文件，如图 5-8 所示。

图 5-8　创建 reverse_cmd_vel.py 文件

reverse_cmd_vel.py 文件的内容如下：

```python
#! /usr/bin/env python

import rospy
from geometry_msgs.msg import Twist

def doMsg(msg):
    rvs_msg=Twist()
    rvs_msg.linear.x=-msg.linear.x
    rvs_msg.angular.z=-msg.angular.z
    pub.publish(rvs_msg)

if __name__=="__main__":
    rospy.init_node("reverse")
    pub=rospy.Publisher("turtle1/cmd_vel_reverse",Twist,queue_size=10)
    sub=rospy.Subscriber("turtle1/cmd_vel",Twist,doMsg,queue_size=10)
    rate=rospy.Rate(1)
    rospy.spin()
```

然后修改 CMakeLists.txt，把 reverse_cmd_vel.py 的路径添加到 catkin_install_python 一节，给 Python 文件增加执行权限，最后编译。

程序运行后，订阅键盘控制节点程序 turtle_teleop_key 发布的 turtle1/cmd_vel 话题，然后把接收到的消息中的线速度和角速度进行反转处理，并将反转后的消息通过 turtle1/cmd_vel_reverse 话题发布。通过对 turtlesim 使用话题重命名，用 turtle1/cmd_vel_reverse 话题替换 turtle1/cmd_vel 话题，在 turtlesim 节点启动后，订阅的就是 turtle1/cmd_vel_reverse 话题了。

在 turtle_reverse 包下创建 launch 目录，在 launch 目录下创建 reverse_turtle.launch 文件。把节点启动和话题重命名的命令放在 reverse_turtle.launch 文件中，如图 5-9 所示。

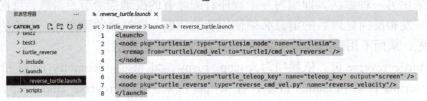

图 5-9　用 reverse_turtle.launch 文件启动节点

reverse_turtle.launch 文件的内容如下：

```xml
<launch>
  <node pkg="turtlesim" type="turtlesim_node" name="turtlesim">
   <remap from="turtle1/cmd_vel" to="turtle1/cmd_vel_reverse" />
  </node>
  <node pkg="turtlesim" type="turtle_teleop_key" name="teleop_key" output="screen" />
  <node pkg="turtle_reverse" type="reverse_cmd_vel.py" name="reverse_velocity"/>
</launch>
```

打开一个新的终端窗口，输入下列命令运行 turtle_reverse 包的 reverse_turtle.launch 文件：

```
roslaunch turtle_reverse reverse_turtle.launch
```

运行结果如图 5-10 所示。

按动方向键，可以看到海龟的运动方向与之前是相反的。新打开一个终端，运行 rqt_graph 命令，可以看到计算图如图 5-11 所示。

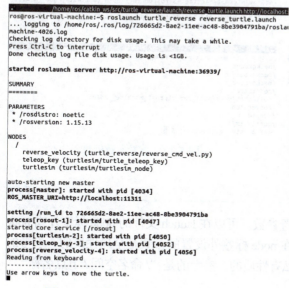

图 5-10　运行 reverse_turtle.launch 文件

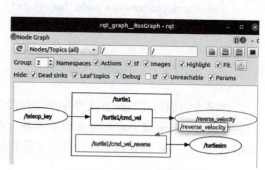

图 5-11　反向海龟的计算图

在图 5-11 中，反向程序节点 /reverse_velocity 订阅 /turtle/cmd_vel 话题并接收消息，在处理后发布到 /turtle1/cmd_vel_reverse 话题，海龟仿真节点订阅该话题，从而实现了反转。

▼ 5.5　设置修改参数

前面的章节已经介绍了使用 rosparam 命令可以设置修改参数，本节介绍如何通过 rosrun 命令、launch 文件和编码这 3 种方式设置参数。

在 ROS 中，节点名称和话题名称可能出现重名的情况，同理参数名称也可能重名。对参数重名的处理，没有重命名的方法。为了避免参数重名，可以使用为参数名称添加前缀的方法。参数与话题类似，有全局、相对和私有 3 种类型。

1）全局参数，参数名称参考 ROS 系统，与节点命名空间平级。

2）相对参数，参数名称参考节点的命名空间，与节点名称平级。

3）私有参数，参数名称参考节点名称，是节点名称的子级。

5.5.1　rosrun 命令设置参数

rosrun 命令在启动节点时，可以设置参数，语法格式为：

rosrun 包名　节点名称 _ 参数名称 := 参数值

注意，参数名称前面是一条下画线。

下列命令可启动海龟显示节点，并设置参数 A=100：

rosrun turtlesim turtlesim_node _A:=100

然后使用 rosparam list 命令查看参数信息，如图 5-12 所示。

图 5-12 中，参数 A 的前缀是节点名称，也就是说 rosrun 命令设置参数名称使用的是私有类型。

需要注意的是，试图通过下列命令在启动节点时设置参数来修改海龟仿真窗口的背景颜色是无效的，请读者自行思考设置无效的原因。

```
rosrun turtlesim turtlesim_node _background_
r:=100 _background_g:=0 _background_b:=0
```

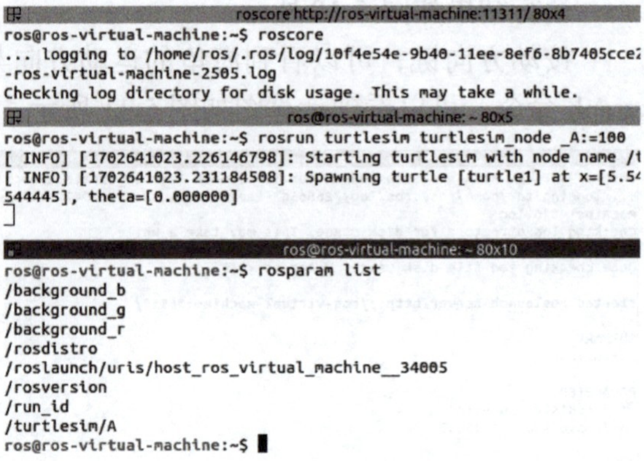

图 5-12 查看参数信息

5.5.2 launch 文件设置参数

本节介绍如何在 launch 文件中使用和设置参数。可以在 launch 文件的 node 标签外或 node 标签中通过 param 或 rosparam 来设置参数。在 node 标签外设置的参数是全局性质的，参考的是根空间 "/"，在 node 标签中设置的参数是私有性质的，参考的是 "/ 命名空间 / 节点名称"。

1. 设置全局参数

在 launch 文件中设置参数时，如果 param 不属于其他任何标签，则这种参数为全局参数，例如：

```
<param name="param-name" value="param-value" />
```

2. 设置相对参数

如果 param 在命名空间标签内，此时的参数即为该命名空间内的相对参数，例如：

```
<group ns="namespace">
    <param name=" param-name1" value="value1" />
    <param name=" param-name2" value="value2" />
    <param name=" param-name3" value="value3" />
    <param name=" param-name4" value="value4" />
</group>
```

3. 设置私有参数

在 node 标签中使用 param 设置的是私有参数。以下代码可以启动 turtlesim 节点，并且设置其私有参数 max_vel：

```
<node pkg="turtlesim" type="turtesim_node" name="turtlesim" />
    <param name="max_vel" value="3" />
</node>
```

在这种结构下，参数名被当作该节点的私有名称，无论它们是否以 "~" 或者 "/" 开始。

4. 在文件中读取参数

launch 文件也支持与 rosparam load 等价的命令，可以一次性从文件中加载多个参数，例如：

```
<rosparam command="load" file="path-to-param-file" />
```

　　这里列出的参数文件通常是通过 rosparam　dump 命令创建的。与引用其他文件的做法相同，使用 find 可以查找替换指定功能包的相对路径，例如：

```
<launch>
  <node pkg="turtlesim" type="turtlesim_node" name="set_bg" output="screen">
    <rosparam command="load" file="$(find test_param)/cfg/color.yaml" />
  </node>
</launch>
```

　　与 rosparam load 一样，这个功能有助于测试，即允许用户重现在过去的某个时间有效的参数。示例中的文件 color.yaml 需要预先设置并存放在 find 后面指定包的相应目录中。

5. 创建与使用自定义参数

　　以 param 标签为例，在 helloworld 包中创建 test_param.launch 文件并设置参数，如图 5-13 所示。

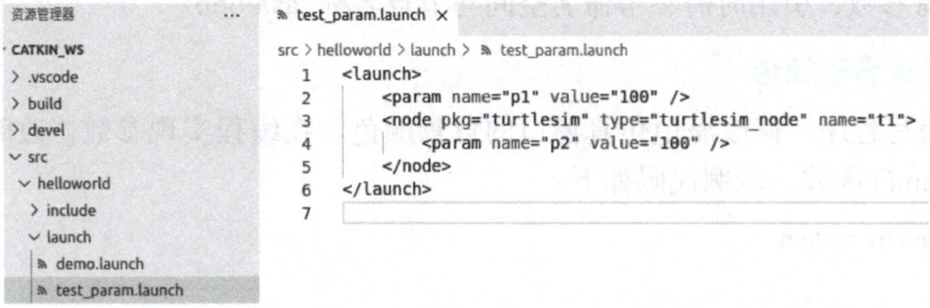

图 5-13　创建 test_param.launch 文件并设置参数

test_param.launch 文件的内容如下：

```
<launch>
  <param name="p1" value="100" />
  <node pkg="turtlesim" type="turtlesim_node" name="t1">
    <param name="p2" value="100" />
  </node>
</launch>
```

　　然后运行文件并查看参数，如图 5-14 所示，可以看到 p1 为全局参数，p2 为 t1 节点的参数。

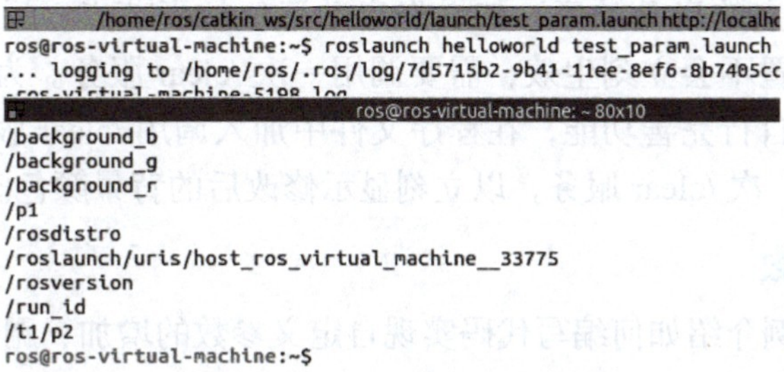

图 5-14　运行文件并查看参数

5.5.3　程序设置参数

　　以程序的方式可以更方便地设置全局参数、相对参数和私有参数。Python 程序中的参数设置是通过调用 rospy.set_param（参数名称，参数值）函数实现的。在设置参数名称时，如果以"/"开头，那么设置的就是全局参数；如果以"~"开头，那么就是私有参数；如果既不以"/"开头，也不以"~"开头，那么就是相对参数。例如：

```
rospy.set_param("/A",100)
rospy.set_param("B",100)
rospy.set_param("~C",100)
```

运行时，假设命名空间为 aaa，节点名称为 bbb，在使用 rosparam list 后，会看到类似的参数列表：

```
/A
/aaa/B
/aaa/bbb/C
```

A 是全局参数，和命名空间与节点名称无关；B 是相对参数，引用时需参考命名空间 /aaa；C 是私有参数，引用时需参考命名空间与节点名称 /aaa/bbb。

1. 设置修改背景颜色

接下来编写程序，修改海龟仿真窗口的背景颜色。在编程实现参数修改时，需要使用 rospy.set_param() 函数，示例代码如下：

```python
#! /usr/bin/env python

import rospy

if __name__ == "__main__":
    rospy.init_node("color")
    rospy.set_param("/background_r",255)
    rospy.set_param("/background_g",255)
    rospy.set_param("/background_b",255)
```

程序文件的权限设置以及配置文件 CMakeLists.txt 的修改与之前的操作类似，接下来启动 roscore，然后启动背景颜色设置节点，最后启动海龟仿真节点。程序的执行结果与使用命令改变背景颜色的结果类似。

测试时应注意节点的启动顺序，如果先启动海龟仿真节点，后启动背景颜色设置节点，那么背景颜色设置不会立刻生效，需要调用一次 /clear 服务。为确保参数设置的效果能立刻显示，请读者自行完善功能，在程序文件中加入调用 /clear 服务的代码，在每次改变背景颜色后，调用一次 /clear 服务，以立刻显示修改后的背景颜色。

2. 设置自定义参数

下面通过一个示例介绍如何编写代码实现自定义参数的增加、删除和修改等操作。

（1）增加（修改）参数

```python
#! /usr/bin/env python

import rospy

if __name__ == "__main__":
```

```
    rospy.init_node("set_paramter")

    # 设置自定义参数
    rospy.set_param("p_int",10)
    rospy.set_param("p_double",3.14)
    rospy.set_param("p_bool",True)
    rospy.set_param("p_string","hello world")
    rospy.set_param("p_list",["hello","world","nihao"])
    rospy.set_param("p_dict",{"name":"user","age":8})

    # 修改
    rospy.set_param("p_int",100)
```

（2）获取参数

在程序中通过调用 rospy get_param（参数，默认值）函数获取参数值。当参数存在时，返回对应的值，如果不存在则返回默认值。

```
#! /usr/bin/env python

import rospy

if __name__ == "__main__":
    rospy.init_node("get_param_p")

    # 获取参数
    int_value=rospy.get_param("p_int",10000)
    double_value=rospy.get_param("p_double")
    bool_value=rospy.get_param("p_bool")
    string_value=rospy.get_param("p_string")
    p_list=rospy.get_param("p_list")
    p_dict=rospy.get_param("p_dict")

    rospy.loginfo(" 获取的数据 :%d,%.2f,%d,%s",
            int_value,
            double_value,
            bool_value,
            string_value)
    for e in p_list:
        rospy.loginfo("e=%s", e)

    rospy.loginfo("name=%s, age=%d",p_dict["name"],p_dict["age"])
```

（3）删除参数

使用 rospy.delete_param（"参数名"）函数删除参数时，如果该参数存在，则可以成功删除，如果该参数不存在，程序会抛出异常。

```
#! /usr/bin/env python
import rospy
```

```
if __name__ == "__main__":
    rospy.init_node("delete_param_p")

    try:
        rospy.delete_param("p_int")
    except Exception as e:
        rospy.loginfo(" 删除失败 ")
```

▼ 5.6 ROS 分布式通信设置

ROS 是一个分布式网络环境，在实践中，ROS 通常运行在多台计算设备上。ROS 通过 SSH 支持分布式运算，但是整个分布式系统中只有一个节点管理器。所有节点通过将环境变量 ROS_MASTER_URI 指向节点管理器所在设备来进行通信。ROS 需要确保所有设备处于同一网络中，如有必要，可以设置静态 IP 地址。如果是虚拟机，则需要将网络适配器改为桥接模式。

5.6.1 环境变量设置

为了使非节点管理器设备上的节点可以与节点管理器通信，需要在非节点管理器设备上配置环境变量，通常需要在文件 ~/.bashrc 中设置系统变量 ROS_HOSTNAME 和 ROS_MASTER_URI。

如果使用域名通信，则需要修改各自设备的 /etc/hosts 文件，即在该文件中加入对方的 IP 地址和计算机名。

1）节点管理器端：

从机的 IP　　　从机计算机名

2）从机端：

节点管理器主机 IP　　　节点管理器计算机名

查看 IP 地址的命令为 ifconfig，查看计算机名称的命令为 hostname。设置完成后可以通过 ping 命令测试网络通信是否正常。

在节点管理器上修改文件 ~/.bashrc，在文件的最后追加以下内容：

ROS_MASTER_URI=http://masterIP:11311
ROS_HOSTNAME=masterIP

同样的，在从机上的文件 ~/.bashrc 最后追加以下内容：

ROS_MASTER_URI=http://master 的 IP:11311
ROS_HOSTNAME= 从机 IP

如果有多台从机，那么每台从机都需要做上述设置。设置完成后，节点管理器主机启动 roscore，然后做如下测试：节点管理器主机启动订阅者节点，从机启动发布者节点，测试通信是否正常；主机启动发布者节点，从机启动订阅者节点，测试通信是否正常。如果只是在本机上调试 ROS 程序，可以不设置 ROS_MASTER_URI 变量的值，或者按照如下内容设置：

ROS_MASTER_URI=http://127.0.0.1:11311

5.6.2　SSH 远程登录

SSH 是一种网络协议，用于计算机的远程加密登录。早期的网络通信都采用明文，通信数据容易被截获，到了 1995 年，芬兰的 Tatu Ylonen 设计了 SSH 协议，它将登录信息全部加密，成为互联网安全的一个基本解决方案，并迅速在全世界获得推广。目前 SSH 已经成为 Linux 系统的标准配置。

在 ROS 分布式环境下，经常需要登录到远程设备上运行程序或执行命令，有两种方式可以实现远程登录。

1. 使用 ssh 命令登录远程主机

要登录的远程主机必须安装 SSH 服务后才能登录。如果没有安装 SSH 服务，可执行下列命令安装：

```
sudo apt install openssh-server
```

ssh 命令的基本用法如下：

1）使用当前主机用户连接远程主机。

```
ssh 远程主机 ip
```

2）使用 username 用户和默认端口 22 连接远程主机（username 是远程主机上的用户）。

```
ssh username@ip
```

3）使用 username 用户和指定端口
port 连接远程主机（username 是远程主
机上的用户）。

```
ssh username@ip:port
```

2. 使用软件登录远程主机

除了使用 ssh 命令登录远程主机
外，也可以使用软件登录远程主机。在
Windows 系统下，可以使用 PuTTY 来登
录 Linux 主机，如图 5-15 所示。PuTTY
是一款开源软件，支持 SSH、Telnet 和
Serial 等协议，其默认登录协议是 SSH，
默认端口为 22。

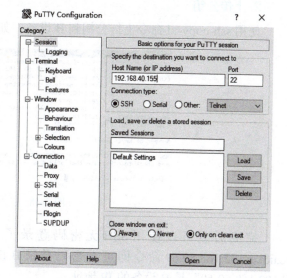

图 5-15　PuTTY

5.6.3　SSH 无密码登录

使用 ssh 命令登录远程主机时，每次连接都需要输入密码，如果连接比较频繁，可以设置 SSH 无密码登录。

为了实现 A 设备 SSH 无密码登录 B 设备，需要在设备上生成公钥 / 私钥对，私钥保存在 A 设备上，而 A 设备生成的 authorized_keys 公钥则复制到 B 设备的相应目录下。下面以 IP 地址为 192.168.50.172 且安装 Ubuntu 20.04 系统的 A 设备，和 IP 地址为 192.168.50.69 且安装 Ubuntu 16.04 系统的 B 设备为例，讲解如何设置 SSH 无密码登录。

1. 生成密钥对

在 A 设备上运行 ssh-keygen -t rsa 命令，生成使用 RSA 加密的密钥对，如图 5-16 所示。在命令成功运行后，将私钥保存为 ~/.ssh/id_rsa，公钥保存为 ~/.ssh/id_rsa.pub，如图 5-17 所示。

```
ros@ros-virtual-machine: ~ 80x23
ros@ros-virtual-machine:~$ ssh-keygen -t rsa
Generating public/private rsa key pair.
Enter file in which to save the key (/home/ros/.ssh/id_rsa):
Enter passphrase (empty for no passphrase):
Enter same passphrase again:
Your identification has been saved in /home/ros/.ssh/id_rsa
Your public key has been saved in /home/ros/.ssh/id_rsa.pub
The key fingerprint is:
SHA256:9h0dnfFIjCRoB1PUEiV7/2itYgKrYIkOD57h3P/T49k ros@ros-virtual-machine
The key's randomart image is:
+---[RSA 3072]----+
|        o=*=oo.. |
|        o.o+o..o+|
|       . .... o.o|
|           . o . |
|        S   . o  |
|    . . ... . . +|
|o.. +   .o. . o o|
|+=+. . ..o+ o. . |
| =o...oooo.E ..  |
+----[SHA256]-----+
ros@ros-virtual-machine:~$
```

图 5-16 生成密钥对

```
ros@ros-virtu
ros@ros-virtual-machine:~$ cd .ssh
ros@ros-virtual-machine:~/.ssh$ ls
id_rsa  id_rsa.pub  known_hosts
ros@ros-virtual-machine:~/.ssh$ 
```

图 5-17 保存密钥

2. 上传公钥

使用 ssh-copy-id 命令上传公钥到 B 设备，如图 5-18 所示。

```
ros@ros-virtual-machine: ~ 80x23
ros@ros-virtual-machine:~$ ssh-copy-id eaidk@192.168.50.69
The authenticity of host '192.168.50.69 (192.168.50.69)' can't be established.
ECDSA key fingerprint is SHA256:NifEhlG1cqwtUsw54bLwiIJ186CSKdhZ60hSn2eh4aI.
Are you sure you want to continue connecting (yes/no/[fingerprint])? yes
/usr/bin/ssh-copy-id: INFO: attempting to log in with the new key(s), to filter
out any that are already installed
/usr/bin/ssh-copy-id: INFO: 1 key(s) remain to be installed -- if you are prompt
ed now it is to install the new keys
eaidk@192.168.50.69's password:

Number of key(s) added: 1

Now try logging into the machine, with:   "ssh 'eaidk@192.168.50.69'"
and check to make sure that only the key(s) you wanted were added.

ros@ros-virtual-machine:~$ 
```

图 5-18 上传公钥

完成后就可以使用 SSH 无密码登录了。如图 5-19 所示，在 A 设备上运行 ssh eaidk@192.168.50.69 命令即可无密码登录 B 设备，其中“eaidk”是 B 设备上的用户，“192.168.50.69”是 B 设备的 IP 地址。

```
eaidk@ubuntu: ~ 80x16
ros@ros-virtual-machine:~$ ssh eaidk@192.168.50.69
Welcome to Ubuntu 16.04.1 LTS (GNU/Linux 4.4.0-31-generic x86_64)

 * Documentation:  https://help.ubuntu.com
 * Management:     https://landscape.canonical.com
 * Support:        https://ubuntu.com/advantage

1253 packages can be updated.
675 updates are security updates.

New release '18.04.6 LTS' available.
Run 'do-release-upgrade' to upgrade to it.

Last login: Mon Aug 27 09:41:25 2018 from 192.168.199.145
eaidk@ubuntu:~$
```

图 5-19 SSH 无密码登录

5.6.4　远程文件传输

远程文件传输主要有以下方式：

1. scp 命令

scp 命令可以在远程主机与本地主机之间复制文件或目录，Windows 系统和 Linux 系统都支持 scp 命令。

其语法格式为

```
scp 远程主机账号 @IP: 绝对路径　本地目录
或者
scp 本地目录文件 远程主机账号 @IP: 绝对路径
```

1）将 IP 地址为 192.168.40.133 的远程主机用户目录下的文件 mycatkin_ws.zip 复制（下载）到本地主机的当前目录下，可输入如下命令：

```
scp ros@192.168.40.133:~/mycatkin_ws.zip .
```

运行结果如图 5-20 所示。

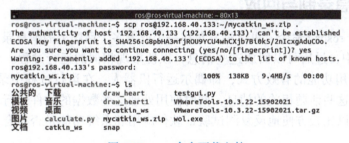

图 5-20　scp 命令下载文件

首次登录远程主机时，需要确认是否连接该主机。

2）将安装 Windows 系统的本地主机 D:\ 目录下的文件 testgui.py 复制（上传）到远程主机的用户目录下，可输入下列命令：

```
scp  testgui.py root@192.168.40.155:~
```

运行结果如图 5-21 所示。

```
D:\>scp testgui.py  ros@192.168.40.155:~
ros@192.168.40.155's password:
testgui.py                    100% 5804      2.8MB/s    00:00

D:\>
```

图 5-21　scp 命令上传文件

2. WinSCP 软件

WinSCP 软件是在 Windows 系统下的免费 SFTP 和 FTP 文件传输客户端，其图形界面简单易用，可以使用多种协议在本地和远程主机之间复制文件，如图 5-22 所示。

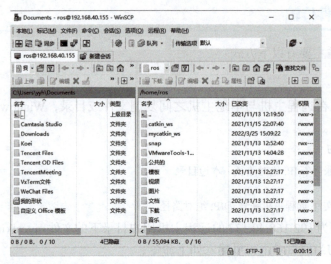

图 5-22　WinSCP 软件传输文件

▼ 5.7　消息录制与回放

ROS 有一个 rosbag 命令，可以将发布在一个或者多个话题上的消息录制并保存到一个包（Bag）文件中，过后可以回放这些消息，以便重现相似的运行过程。录制和回放消息是测试机器人应用功能的有效方式，即偶尔运行机器人，在运行过程中录制关注的话题，然后多次回放与这些话题相关的消息，同时使用处理这些数据的软件进行调试测验。这种方式的好处是可以比较方便地反复测试验证软件应用和系统功能是否符合预期，可以显著地提高开发效率。

5.7.1　rosbag 命令

rosbag 命令可以用来录制和回放消息。录制的消息会存放到扩展名为 .bag 的文件中，这种文件通常称为包文件（Bag Files）。这里的包文件是指用于存储带时间戳的 ROS 消息的特殊格式文件，与软件功能包（Package）不同。

1. 录制消息

使用 rosbag 命令的形式如下：

```
rosbag record-O filename.bag topic-name
```

该命令执行后会录制 topic-name 话题的消息，存放到文件 filename.bag 中。如果不指定文件名，rosbag 命令将基于当前的日期和时间自动生成。

除了指定具体的话题外，还可以使用 rosbag record-a 命令记录当前发布的所有话题的消息。对于不复杂的小规模应用，完全可以录制所有话题。但在实际的 ROS 应用中，这并非好的做法。例如大部分搭载摄像头的机器人的系统中存在多个节点发布与图像相关的话题，其中的图像经历了不同阶段的处理和不同级别的压缩。此时如果记录所有的话题，将会创建占用巨大存储空间的包文件，极有可能耗尽存储空间导致系统不能运行。因此，使

用 -a 选项前要仔细考虑，并在录制过程中注意包文件的大小。也可以使用 rosbag record-j 命令启用包文件的压缩。与其他文件的压缩一样，这里也需要综合考虑：通常文件较小的代价是更长的读写时间。当完成包文件录制时，使用 <Ctrl+C> 停止录制。

2. 回放消息

使用如下命令从一个包文件回放消息：

```
rosbag play filename.bag
```

该命令执行后存储在包文件中的消息将被回放，而且回放时会保持与其原始发布时同样的顺序和时间间隔。

3. 检查包文件

rosbag info 指令可以提供某个包文件中的信息，其用法为：

```
rosbag info filename.bag
```

5.7.2　录制与回放示例

下面通过一个例子来介绍录制与回放消息是如何工作的。

1. 绘制正方形轨迹

首先启动 roscore 和 turtlesim_node 两个节点。然后从 turtlesim 功能包中启动 draw_square 节点：

```
rosrun turtlesim draw_square
```

该节点将重置海龟仿真器，并发布速度指令，控制海龟的运动轨迹，使其不断重复绘制一个近似的正方形形状。

2. 录制正方形轨迹消息

当海龟绘制正方形轨迹时，执行以下命令来记录速度指令和海龟的位置姿态信息：

```
rosbag record-O square.bag /turtle1/cmd_vel /turtle1/pose
```

最开始的输出会显示 rosbag 正在订阅 /turtle1/cmd_vel 和 /turtle1/pose 话题，发布在这两个话题上的消息正在被保存到文件名为 square.bag 的包文件中。这时，系统的计算图看起来如图 5-23 所示，从图中可以看出，rosbag 创建了新的节点，其名称为 /record_...，这个节点订阅了 /turtle1/cmd_vel 和 /turtle1/pose 话题。图 5-23 表明，rosbag 通过订阅在命令中设置的话题来记录消息，与其他节点一样，rosbag 使用的是发布订阅机制。

rosbag 创建的节点通常使用匿名名称。为简单起见，这里用"…"代替了数字后缀。rosbag 使用匿名名称也意味着如果有需要，可以同时运行多个 rosbag record 实例。

3. 回放正方形轨迹

当 rosbag 命令（消息录制）运行一段时间后（1~2min 即可），终止 rosbag 节点，停止录制。同时终止 draw_square 节点，停止海龟的运动。

接下来回放录制的包文件，在确认 roscore 和 turtlesim 节点仍在运行后，使用下面的命令：

```
rosbag play square.bag
```

这时候海龟将恢复运动。这是因为 rosbag 创建了名为 play_... 的节点，且这个节点正在发布 /turtle1/cmd_vel 话题的消息。它发布的消息和 draw_square 节点最初发布的一样。其计算图如图 5-24 所示。

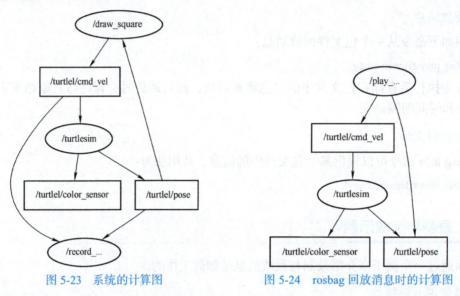

图 5-23　系统的计算图　　　　　图 5-24　rosbag 回放消息时的计算图

在 rosbag play 运行期间，海龟绘制的正方形可能和 rosbag record 运行期间绘制的正方形不在同一个地方。这是因为 rosbag 中录制的只是消息序列的副本，它没有复制初始条件。在 rosbag play 运行期间，海龟绘制的第二批正方形的起点正好是执行命令时海龟所在的位置。图 5-25 所示为上述操作的运行结果。

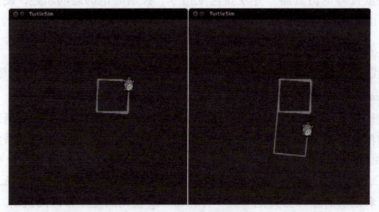

图 5-25　录制与回放消息

海龟示例在回放时忽略了位姿数据，发布的 /turtle1/pose 话题的消息和实际上海龟所在的位置是可以不同的。实际上，当 turtlesim_node 和 rosbag play 同时运行时，/turtle1/pose 话题的消息是完全冲突的。在实际应用中，应尽量避免某个节点发布的消息和 rosbag 回放的消息都属于同一个话题的情况。

上述情况也说明服务调用并没有被录制到包文件里面。否则，包文件里面会记录某时刻 draw_square 节点调用了 /reset 服务，使得海龟回到它的出发点，然后 draw_square 节点才开始发送控制命令。

5.7.3 rosbag 功能包

除了 rosbag 命令外，ROS 有一个名为 rosbag 的功能包，里面也提供了名为 record 和 play 的可执行文件。和 rosbag record 及 rosbag play 命令相比，rosbag 功能包里的这些程序有相同的功能，并且接受相同的命令行参数。这意味着除了可以使用 rosbag 命令录制和回放消息外，还可以使用 rosrun 运行 rosbag 功能包的节点来录制和回放消息，即：

```
rosrun rosbag record-O filename.bag topic-names
rosrun rosbag play filename.bag
```

同理，也可以在 launch 文件中启动 rosbag 功能包中的这两个可执行文件。例如在 launch 文件中启动一个录制节点可能是这样的：

```
<node pkg="rosbag" name="record" type="record" args="-O filename.bag topic-names" />
```

与此类似，启动一个回放节点可能如下所示：

```
<node pkg="rosbag" name="play" type="play" args="filename.bag" />
```

ROS 中已经有了 rosbag 命令可以实现录制与回放消息，又提供同样功能的 rosbag 功能包，主要是为了可以使用 launch 文件来更为方便地录制与回放消息。

▼ 5.8 日志消息

本节介绍如何生成和查看日志消息。

5.8.1 日志级别

ROS 日志系统的核心思想，就是使程序生成一些简短的文本字符流，这些字符流便是日志消息。ROS 的日志消息分为 5 个不同的级别，可简称为严重性或者严重级别。按照严重性程度递增，这些级别有：DEBUG（调试）、INFO（信息）、WARN（警告）、ERROR（错误）和 FATAL（致命错误）。

其中，DEBUG 消息可能常出现，但只要程序能够正常运行就不必太在意。FATAL 消息一旦出现，通常表明程序中存在一些问题，导致程序无法继续运行。其余 3 种消息（INFO、WARN 和 ERROR）的严重性介于 DEBUG 和 FATAL 这两端之间。表 5-1 为 ROS 各个级别日志消息示例。

表 5-1 ROS 各个级别日志消息示例

日志消息级别	示例消息
DEBUG	Reading header from buffer
INFO	Waiting for all connections to establish
WARN	Less than 5GB of space free on disk
ERROR	Publisher header did not have required element：type
FATAL	You must call ros：: init（）before creating the first NodeHandle

划分各种消息级别旨在提供一种区分和管理日志消息的总体方法，这些级别本身可能并不包含任何内在的含义。例如在程序中生成一个 FATAL 消息并不会终止程序运行，生成一个 DEBUG 消息也并不代表正在调试程序。

5.8.2　生成日志消息

Python 代码在生成日志消息时主要使用下列函数：

```
rospy.logdebug("hello,debug")        #默认绿色字体
rospy.loginfo("hello,info")          #默认白色字体
rospy.logwarn("hello,warn")          #默认黄色字体
rospy.logerr("hello,error")          #默认红色字体
rospy.logfatal("hello,fatla")        #默认红色字体
```

使用 Python 代码生成 5 个级别的日志消息的示例程序，如图 5-26 所示。

图 5-26 所示程序的运行结果如图 5-27 所示。

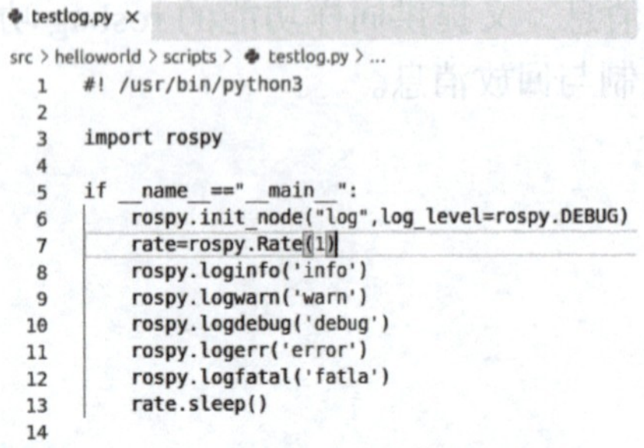

图 5-26　5 个级别的日志消息示例程序 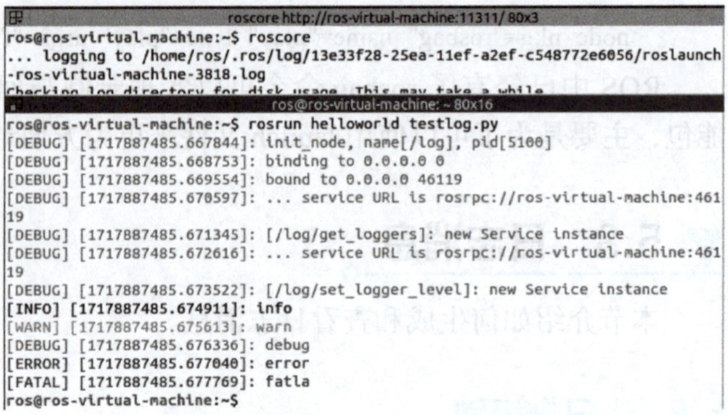　　　　图 5-27　运行程序生成不同的日志消息

5.8.3　查看日志消息

日志消息产生后有 3 个不同的目的地：可以在控制台输出，可以是 /rosout 话题的消息，可以写入到日志文件中。

1. 控制台

在控制台上，DEBUG 和 INFO 消息被打印至标准输出，而 WARN、ERROR 和 FATAL 消息将被送至标准错误。

这里的标准输出和标准错误之间的区别并不重要，如果想要将其中一种日志输出重定向到一个文件，可以使用文件重定向命令：

```
command > file
```

如果要将所有日志消息重定向到同一个文件，可以使用如下命令：

```
command &> file
```

需要注意的是，由于这两种消息的缓存方式不同，可能导致消息不按照顺序出现，在

输出的结果中 DEBUG 和 INFO 消息可能出现得比较靠后。可以使用 stdbuf 命令使标准输出采用行缓存方式，从而强制让消息按照正常顺序输出，即：

```
stdbuf-oL command & > file
```

2. 格式化控制台消息

可以通过设置 ROSCONSOLE_FORMAT 环境变量来调整日志消息打印到控制台的格式。该环境变量通常包含一个或多个域名，每一个域名由一个 "$" 符号和一对大括号 "{}" 来表示，用来指出日志消息数据应该在何处插入，其默认的格式是：

```
[${severity}] [${time}]: ${message}
```

这个格式可能适合大部分的应用，但是还有一些其他的域也是很有用的：

1）为了插入生成日志消息的源代码位置，可以使用 ${file}、${line} 和 ${function} 域的组合形式。

2）为了插入生成日志消息的节点名称，可以使用 ${node} 域。

roslaunch 工具默认并不会将标准输出和标准错误从其生成的节点导入至自己的输出流。为了查看使用 roslaunch 启动节点的输出，需要显式地使用 output= "screen" 属性，或者对 roslaunch 命令使用 -screen 参数来强制使所有节点应用这个属性。

3. 使用 rqt_console 查看 rosout 上的消息

除了在控制台上显示，日志消息也被发布到 /rosout 话题上。该话题的消息类型是 rosgraph_msgs/Log。图 5-28 所示为该消息类型的各个字段，其中包含了日志严重级别、消息本身和其他一些相关的数据。

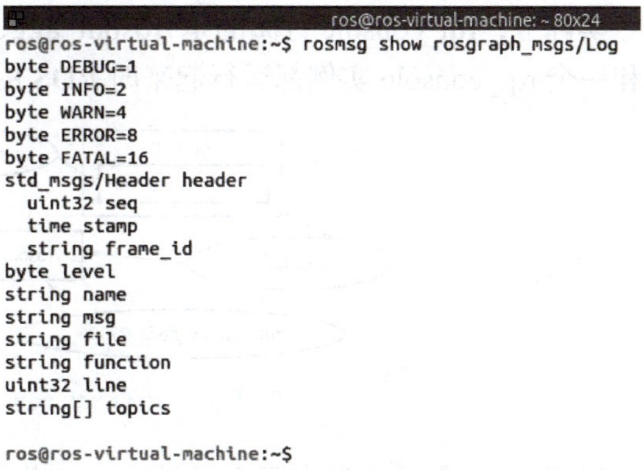

```
ros@ros-virtual-machine: ~ 80x24
ros@ros-virtual-machine:~$ rosmsg show rosgraph_msgs/Log
byte DEBUG=1
byte INFO=2
byte WARN=4
byte ERROR=8
byte FATAL=16
std_msgs/Header header
  uint32 seq
  time stamp
  string frame_id
byte level
string name
string msg
string file
string function
uint32 line
string[] topics

ros@ros-virtual-machine:~$
```

图 5-28　rosgraph_msgs/Log 消息类型的组成

相比于控制台输出，/rosout 话题的主要作用是它在一个流中包含了系统中所有节点的日志消息。所有这些日志消息都可以通过 /rosout 话题查看，而与它们的节点在什么位置、在什么时间、以何种方式启动都无关，甚至与它们在哪台计算机上运行都是无关的。

由于 /rosout 话题只是一个普通的话题，可以通过下列命令直接查看消息内容：

```
rostopic echo /rosout
```

如果愿意，也可以自己写程序来订阅 /rosout 话题，并以自己喜欢的方式来显示或者处理这些消息。当然，查看 /rosout 话题中消息的最简单方式是使用下面这条命令：

```
rqt_console
```

其运行结果如图 5-29 所示。

图 5-29 中的界面展示了来自所有节点的日志消息，每一条消息独占一行，还有一些可以用来控制隐藏或高亮显示某类消息的过滤设置。

当海龟到达仿真器的边界时，会产生如图 5-30 所示的警告信息。

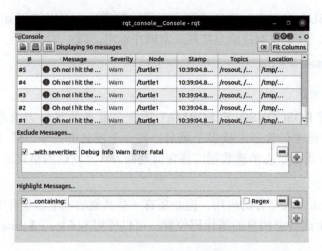

图 5-29　rqt_console 命令的运行结果

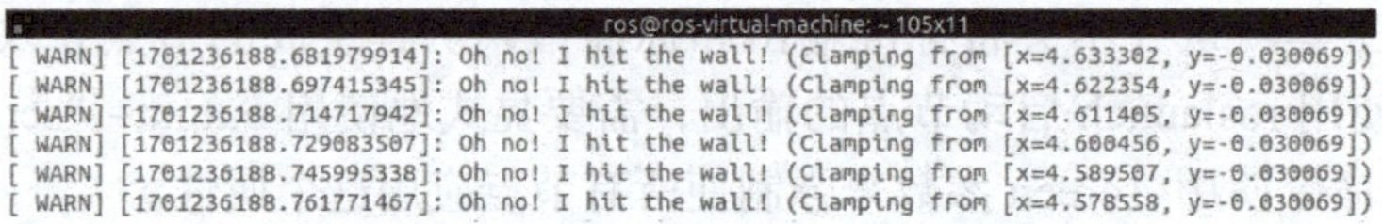

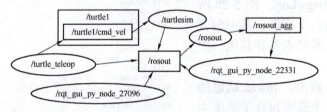

图 5-30　海龟到达仿真器的边界时的警告信息

实际上，rqt_console 订阅的是 /rosout_agg，而不是 /rosout。图 5-31 所示为 turtlesim 程序和一个 rqt_console 实例都运行起来时 ROS 的计算图。

图 5-31　运行 rqt_console 后的节点计算图

后缀 _agg 表示消息实际上是被 rosout 节点聚合到一起的。/rosout 话题发布的消息都通过 rosout 节点输出到 /rosout_agg 话题上。

这种明显的冗余是为了减少调试的代价。因为每一对节点之间的发布 - 订阅关系都意味着这两个节点之间存在直接网络连接关系，很多节点同时订阅 /rosout 话题（对 /rosout 话题来说，每个节点都是一个发布者）时系统代价太大，特别是当这些节点产生大量的日志消息时。解决这个问题的思路是让 rosout 成为唯一订阅 /rosout 话题的节点，并且是 /rosout_agg 话题的唯一发布者。这样，调试工具通过订阅 /rosout_agg 话题就可以获得完整的日志消息流，而不需要系统中的每一个节点做额外工作。

4. 日志文件

rosout 节点生成的日志文件，文件名类似于：

~/.ros/log/run_id/rosout.log

保存的日志文件实际效果如图 5-32 所示。

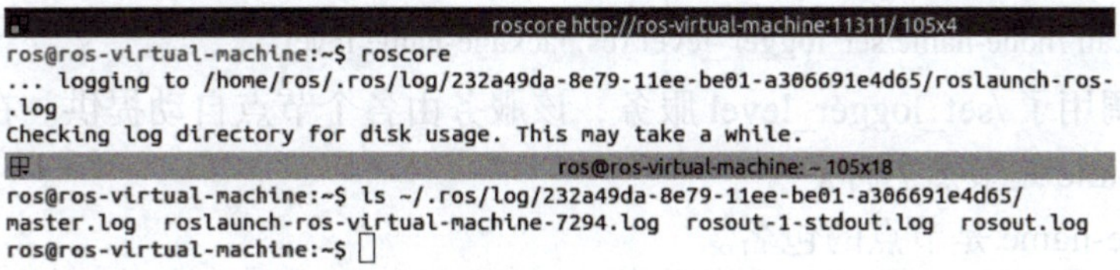

图 5-32　保存的日志文件

图 5-32 中的 .log 日志文件是纯文本文件，可以使用 less、head 或者 tail 等命令行工具，以及使用 vim 文本编辑器查看。运行标识码（run_id）是一个通用唯一识别码（UUID），它在节点管理器开始运行时基于计算机的 MAC 地址和当前的时间生成。图 5-32 中的"232a49da-8e79-11ee-be01-a306691e4d65"就是运行标识码，可以区分来自不同 ROS 会话的日志文件。

有两种简单方法可以查看当前会话的 run_id。

1）检查 roscore 生成的输出。在靠近输出末端的位置，可以看到与下面内容类似的一行：

setting /run_id to run_id

2）通过以下命令向节点管理器询问当前的 run_id：

rosparam get /run_id

run_id 存放在参数服务器上，因此该命令是有效的。

5. 检查和清除日志文件

日志文件将随着时间累积而增加，也会因此需要更多的存储空间。roscore 和 roslaunch 命令运行时会检查和监测已经存在的日志文件的大小，并会在日志文件大小超过 1GB 时提醒用户。

可以使用下面这条命令来查看当前账户中 ROS 日志文件占用的硬盘空间：

rosclean check

如果日志文件不再需要，可以通过下面的命令删除所有已经存在的日志文件：

rosclean purge

当然，也可以使用系统管理命令手动删除这些日志文件。

5.8.4　启用和禁用日志　///

默认情况下，ROS 程序只生成 INFO 或者更高级别的消息，这是因为默认的日志级别是 INFO，比默认的日志级别低的消息将被忽略。设置默认日志级别是为了在运行时提供调整每个节点日志细节程度的能力。

日志级别的设置类似于 rqt_consolt 中的日志级别过滤选项。不同的是，改变日志级别将阻止日志消息的源头生成相应的消息，而 rqt_consolt 会接收任何输入的日志消息，其过滤选项只是选择性地显示其中的一部分。

设置某个节点的日志级别有 2 种方法。

1. 通过命令行设置日志级别

为了通过命令行设置一个节点的日志级别，可以使用与以下命令类似的命令：

```
rosservice call /node-name/set_logger_level ros.package-name level
```

这条命令调用了 /set_logger_level 服务，该服务由各个节点自动提供。在这条命令中：

1）node-name 是节点名称。

2）package-name 是节点的包名。

3）level 参数是 DEBUG、INFO、WARN、ERROR 和 FATAL 中的一个字符串，即为节点设置的日志级别。

例如，为了在示例程序中启用 DEBUG 级别的消息，可以使用下列命令：

```
rosservice call /count_and_log/set_logger_level ros.agitr DEBUG
```

注意，由于这条命令直接与节点进行交互，应该在节点启动之后使用。如果一切正常，这个对 rosservice 的调用将输出一个空行。

如果命令中的日志级别拼写错误，/set_logger_level 服务调用将会报错，但是如果拼错包名 ros.package-name，命令不会报错。

2. 通过图形界面设置日志级别

如果更喜欢使用图形界面，可以使用以下命令：

```
rqt_logger_level
```

图 5-33 所示为运行该命令后得到的窗口，该窗口允许从一个节点列表、一个日志记录器列表以及一个日志级别列表中进行选择。使用这个工具改变日志级别的效果与前面提到的使用 rosservice 命令的效果是一致的，因为它也是对各个节点使用了相同的服务调用。

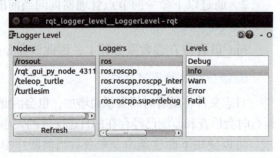

图 5-33 rqt_logger_level 命令的图形界面

5.8.5 rqt 工具箱

在 ROS 中，提供了 rqt 工具箱，它在调用工具时以图形化操作代替了命令操作，使应用更便利，提高了操作效率，优化了用户体验。ROS 基于 QT 框架，针对机器人开发提供了一系列可视化的工具，这些工具的集合就是 rqt 工具箱。rqt 工具箱可以方便地实现 ROS 可视化调试，并且能在同一窗口中打开多个部件。

1. rqt 工具箱安装启动与基本用法

通常，只要安装的是 desktop-full 版本就会自带 rqt 工具箱，也可以按如下方式安装：

```
sudo apt install ros-noetic-rqt
sudo apt install ros-noetic-rqt-common-plugins
```

rqt 工具箱的启动方式有两种：

```
rqt
rosrun rqt_gui rqt_gui
```

启动 rqt 工具箱之后，可以通过 Plugins 菜单添加所需的插件，如图 5-34 所示。

2. rqt_graph

rqt_graph 是可视化显示计算图的工具。在使用时，可以在 rqt 工具箱的 Plugins 中添加，或者使用 rqt_graph 启动。

3. rqt_console

rqt_console 是 ROS 中用于显示和过滤日志的图形化插件。可以在 rqt 工具箱的 Plugins 中添加，或者使用 rqt_console 启动。

4. rqt_plot

rqt_plot 是以 2D 绘图的方式绘制发布在话题上的数据的图形绘制插件。启动 tur-

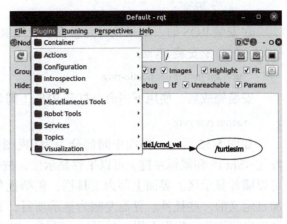

图 5-34　rqt 工具箱中已经添加的插件

tlesim 海龟仿真界面节点与键盘控制节点后，可以通过 rqt_plot 获取海龟位姿。

5. rqt_bag

rqt_bag 是用于录制和重放包文件的图形化插件。

启动 turtlesim 海龟仿真界面节点与键盘控制节点，然后在 rqt 的"Plugins"菜单中单击"Logging"，接着单击"Bag"添加消息录制与回放插件，或者运行 rqt_bag 命令，就可以以图形化的方式录制或回放包文件。

▼ 5.9　可视化与仿真

RViz（Robot Visualization Tool）是 ROS 的 3D 可视化工具。RViz 以 3D 方式显示 ROS 消息，可以将数据进行可视化表达，且无需编程即可显示激光测距仪等 3D 距离传感器的点云数据，并可以从相机获取图像值等。RViz 的优点在于即使没有机器人的硬件也可以进行虚拟仿真，以及进行 SLAM 测试和导航。

Gazebo 是 ROS 的开源 3D 物理仿真平台。Gazebo 具有高质量的图形渲染、方便的编程与图形接口，支持多种开源的物理引擎等优点，可以进行机器人的运动学、动力学仿真，也可以加载自定义的环境和场景。

本节首先介绍 RViz 的基本用法，包括在 RViz 中显示摄像头画面和激光雷达数据，然后介绍如何下载安装 Gazebo 通用模型，最后介绍如何使用 TurtleBot3 模型在 RViz 和 Ga-zebo 中进行 SLAM 建图与导航仿真。

5.9.1　RViz

在 RViz 中，可以使用 xml 对机器人和周围物体等实物进行尺寸、质量、位置、材质和关节等属性的描述，并在 RViz 界面中显示，还可以通过图形化的方式，实时显示机器人传感器的信息、机器人的运动状态、周围环境的变化等，也可以在 RViz 的控制界面下，通过按钮、滚动条和数值等方式给机器人发布控制信息，控制其行为。RViz 可实现图形化显示监测数据和对机器人的控制，并为开发调试 ROS 应用带来很大的便利。

1. RViz 界面

在安装 ROS 时，如果执行完全安装，则 RViz 已安装好；如果没有执行完全安装，可使用下列命令安装 RViz：

```
sudo apt install ros-noetic-rviz
```

安装完成后，使用下列命令打开 RViz（需要先运行 roscore）：

```
rosrun rviz rviz
```

如图 5-35 所示，界面中间部分为 3D 视图显示区，按住鼠标中键（滚轮）（或者同时按住 <Shift> 和鼠标左键）可以平移显示区，按住鼠标左键可以旋转显示区，滚动鼠标滚轮可以缩放显示区。界面上部为工具栏，包括视角控制、目标设置和地点发布等，还可以添加自定义的一些插件。界面左侧为显示项目，显示了当前选择的插件，并且能够对插件的属性进行设置。界面下侧为时间显示区域，包括系统时间和 ROS 时间等。界面右侧为观测视角设置区域，可以设置不同的观测视角。

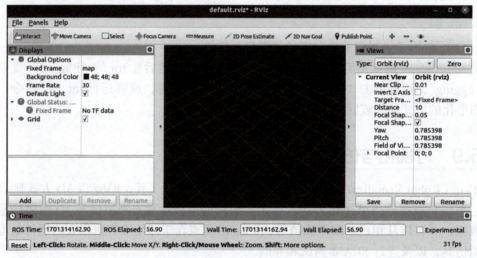

图 5-35　RViz 界面

2. 显示摄像头画面

下面以在 RViz 中显示摄像头画面为例，介绍 RViz 的基本用法。

在工作空间目录下复制安装 usb_cam 包，然后编译，其相关代码如下：

```
cd catkin_ws/src
git clone https://github.com/ros-drivers/usb_cam.git
cd ..
catkin_make
```

实际效果如图 5-36 所示。

输入 roslaunch usb_cam usb_cam-test.launch 命令，启动通用摄像头并测试 launch 文件，然后运行 RViz，如图 5-37 所示。

在 RViz 界面中，单击左下方的 Add 按钮，在弹出的 rviz 窗口中选中 By display type 选项卡下的 Image 项，然后单击"OK"按钮添加，如图 5-38 所示。

```
                        ros@ros-virtual-machine: ~/catkin_ws 95x29
ros@ros-virtual-machine:~$ cd catkin_ws/src/
ros@ros-virtual-machine:~/catkin_ws/src$ git clone https://github.com/ros-drivers/usb_cam.git
正克隆到 'usb_cam'...
remote: Enumerating objects: 2478, done.
remote: Counting objects: 100% (748/748), done.
remote: Compressing objects: 100% (225/225), done.
remote: Total 2478 (delta 531), reused 561 (delta 478), pack-reused 1730
接收对象中: 100% (2478/2478), 937.23 KiB | 1.98 MiB/s, 完成.
处理 delta 中: 100% (1162/1162), 完成.
ros@ros-virtual-machine:~/catkin_ws/src$ cd ..
ros@ros-virtual-machine:~/catkin_ws$ catkin_make
Base path: /home/ros/catkin_ws
Source space: /home/ros/catkin_ws/src
Build space: /home/ros/catkin_ws/build
Devel space: /home/ros/catkin_ws/devel
Install space: /home/ros/catkin_ws/install
```

图 5-36　下载编译 usb_cam 包

图 5-37　运行 RViz

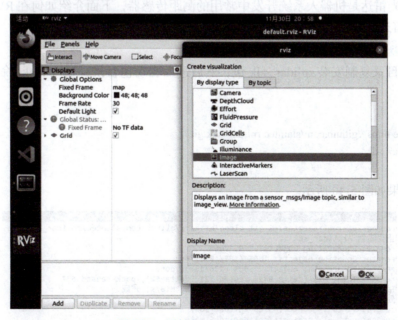

图 5-38　添加 Image 到 Displays

　　将左侧 Image 项中的 Image Topic 值更改为 /usb_cam/image_raw，摄像头的画面就会显示在下方，如图 5-39 所示。

活动
rviz
File Panels Help
Interact
Move Camera
Select
Focus Ca
Displays
Fixed Frame
map
Background Color
48; 48; 48
Frame Rate
30
Default Light
Global Status: ...
Fixed Frame
No TF data
Grid
Image
Status: Ok
Image Topic
sb_cam/image_raw
Transport Hint
/image_view/output
Queue Size
/usb_cam/image_raw
Unreliable
Image Topic
sensor_msgs::Image topic to subscribe to.
Add
Duplicate
Remove
Rename
RViz
Image

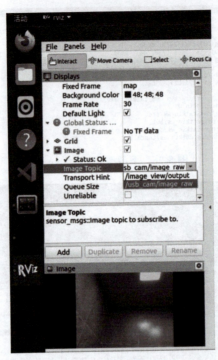

图 5-39　显示摄像头画面

3. 显示激光雷达数据

思岚激光雷达是机器人系统开发中常用的测距传感器，下面介绍如何在 RViz 中显示思岚 A2 激光雷达数据。

（1）下载编译 SDK 驱动

在用户目录复制安装 rplidar_sdk 包，然后进入驱动包目录，输入 make 命令编译该源码包：

```
cd ~
git clone https://github.com/slamtec/rplidar_sdk.git
cd rplidar_sdk
make
```

实际效果如图 5-40 所示。

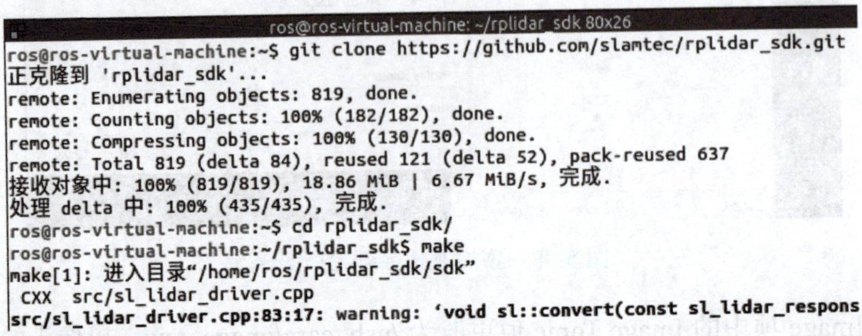

ros@ros-virtual-machine: ~/rplidar_sdk 80x26
ros@ros-virtual-machine:~$ git clone https://github.com/slamtec/rplidar_sdk.git
正克隆到 'rplidar_sdk'...
remote: Enumerating objects: 819, done.
remote: Counting objects: 100% (182/182), done.
remote: Compressing objects: 100% (130/130), done.
remote: Total 819 (delta 84), reused 121 (delta 52), pack-reused 637
接收对象中: 100% (819/819), 18.86 MiB | 6.67 MiB/s, 完成.
处理 delta 中: 100% (435/435), 完成.
ros@ros-virtual-machine:~$ cd rplidar_sdk/
ros@ros-virtual-machine:~/rplidar_sdk$ make
make[1]: 进入目录"/home/ros/rplidar_sdk/sdk"
CXX src/sl_lidar_driver.cpp
src/sl_lidar_driver.cpp:83:17: warning: 'void sl::convert(const sl_lidar_respons

图 5-40　下载编译 SDK 驱动

（2）下载编译 ROS 测试包

在工作空间目录下复制安装 rplidar_ros 包，然后编译：

```
cd catkin_ws/src
git clone https://github.com/slamtec/rplidar_ros.git
cd ..
catkin make
```

实际效果如图 5-41 所示。

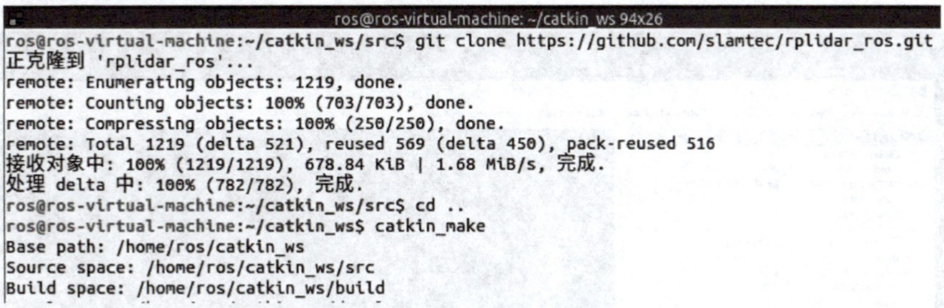

```
ros@ros-virtual-machine: ~/catkin_ws 94x26
ros@ros-virtual-machine:~/catkin_ws/src$ git clone https://github.com/slamtec/rplidar_ros.git
正克隆到 'rplidar_ros'...
remote: Enumerating objects: 1219, done.
remote: Counting objects: 100% (703/703), done.
remote: Compressing objects: 100% (250/250), done.
remote: Total 1219 (delta 521), reused 569 (delta 450), pack-reused 516
接收对象中: 100% (1219/1219), 678.84 KiB | 1.68 MiB/s, 完成.
处理 delta 中: 100% (782/782), 完成.
ros@ros-virtual-machine:~/catkin_ws/src$ cd ..
ros@ros-virtual-machine:~/catkin_ws$ catkin_make
Base path: /home/ros/catkin_ws
Source space: /home/ros/catkin_ws/src
Build space: /home/ros/catkin_ws/build
```

图 5-41　下载编译 ROS 测试包

（3）连接激光雷达

将激光雷达插入计算机的 USB 接口，确保计算机处于连网状态，系统会自动识别激光雷达并安装驱动程序。使用 lsusb 命令查看是否连接成功，如果出现如图 5-42 所示的设备 "Silicon Labs CP210x UART Bridge"，说明连接成功。

（4）设置当前用户权限

dialout 是 Linux 系统中用于管理串口设备访问权限的用户组，sudo gpasswd-add username dialout 命令可将用户 username 添加到 dialout 用户组，使该用户具备串口设备操作权限。本例中，执行下列命令把当前用户 ros 添加到 dialout 用户组：

```
sudo gpasswd --add ros dialout
```

实际效果如图 5-43 所示。

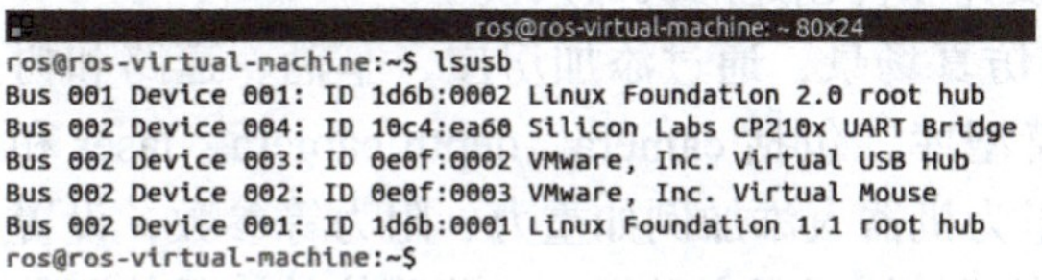

```
ros@ros-virtual-machine: ~ 80x24
ros@ros-virtual-machine:~$ lsusb
Bus 001 Device 001: ID 1d6b:0002 Linux Foundation 2.0 root hub
Bus 002 Device 004: ID 10c4:ea60 Silicon Labs CP210x UART Bridge
Bus 002 Device 003: ID 0e0f:0002 VMware, Inc. Virtual USB Hub
Bus 002 Device 002: ID 0e0f:0003 VMware, Inc. Virtual Mouse
Bus 002 Device 001: ID 1d6b:0001 Linux Foundation 1.1 root hub
ros@ros-virtual-machine:~$
```

图 5-42　激光雷达连接系统

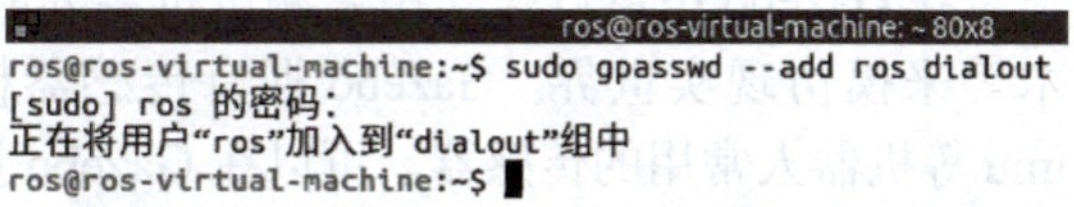

```
ros@ros-virtual-machine: ~ 80x8
ros@ros-virtual-machine:~$ sudo gpasswd --add ros dialout
[sudo] ros 的密码：
正在将用户"ros"加入到"dialout"组中
ros@ros-virtual-machine:~$
```

图 5-43　添加用户 ros 到 dialout 用户组

设置完成后注销系统重新登录。

（5）运行激光雷达示例程序并显示

输入命令 roslaunch rplidar_ros view_rplidar_xxx.launch，启动激光雷达和 RViz，命令中的 "xxx" 可根据实际情况选择具体产品型号，本例中是 a2m8，如图 5-44 所示。

在 RViz 中可以看到可视化的激光雷达数据，如图 5-45 所示。

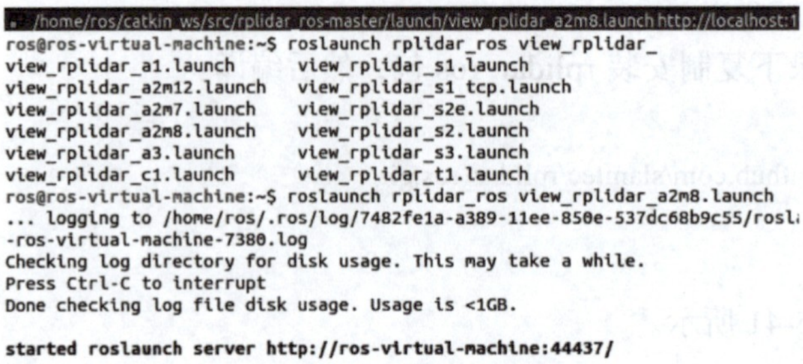

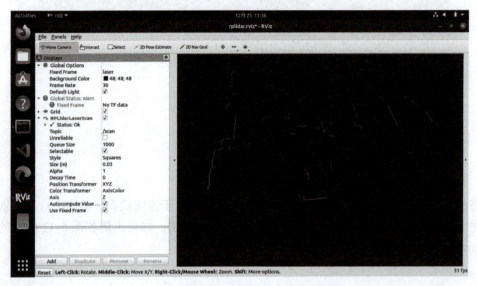

图 5-44　启动激光雷达示例程序

图 5-45　RViz 显示可视化的激光雷达数据

5.9.2　Gazebo

在 Gazebo 里，提供了最基础的 3 个物体：球体、圆柱体和立方体，利用这 3 个物体以及它们的伸缩变换或者旋转变换，可以设计机器人的 3D 仿真模型。另外，Gazebo 提供了各种 3D 设计软件的接口，也可以导入这些设计软件创建的机器人模型。

在 Gazebo 中可以建立用来测试机器人的仿真场景，通过添加房屋、车辆、道路和树木等来模仿现实世界。Gazebo 拥有传感器模型库，包括 camera、depth camera、laser 和 imu 等机器人常用的传感器。可以在 Gazebo 里为机器人添加例如重力、阻力等参数，设置光照条件、物理距离等，让在 Gazebo 里的仿真更加接近现实世界。一些不依赖于具体硬件的算法和场景，例如图像识别、传感器数据融合处理、路径规划和 SLAM 等任务完全可以在 Gazebo 上仿真实现，大大减轻了对硬件的依赖，提高了开发效率。

1. 安装 Gazebo

如果安装了完整版的 ROS，那就已经默认安装了 Gazebo。在 Ubuntu 20.04 系统上安装 Gazebo 的步骤如下。

1）添加 Gazebo 的数据源。在终端中输入以下命令，将 Gazebo 的数据源添加到系统中。

```
echo "deb http://packages.osrfoundation.org/gazebo/ubuntu-stable '1sb_release-cs' main" > /etc/apt/
sources.list.d/gazebo-stable.list
```

2）添加 Gazebo 的 apt-key。在终端中输入以下命令，将 Gazebo 的 apt-key 添加到系统中。

```
wget https://packages.osrfoundation.org/gazebo.key-O-|sudo apt-key add-
```

3）更新 apt 并安装 Gazebo。在终端中输入以下命令，更新 apt 并安装 Gazebo。

```
sudo apt update
sudo apt install gazebo11
```

如果要安装其他的版本，可以把命令中的"gazebo11"替换为其他版本。

4）安装 libgazebo11-dev（可选）。如果需要进行模拟器开发，则需要安装 libgazebo11-dev。

```
sudo apt install libgazebo11-dev
```

5）检查安装情况。在终端中输入以下命令，报告 Gazebo 的版本。

```
gazebo-version
```

在终端窗口中输入 gazebo 来启动 Gazebo，如图 5-46 所示。

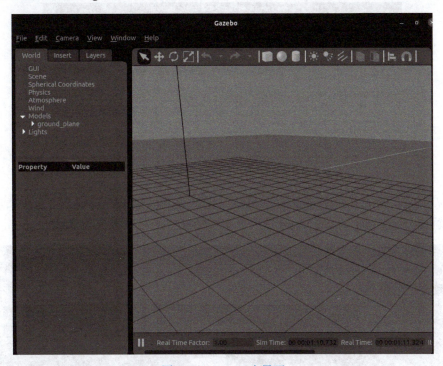

图 5-46　Gazebo 主界面

2. Gazebo 主界面

启动 Gazebo 后，有网格坐标系的是场景窗口，是显示模型的地方。

左侧面板上方有 3 个选项卡：

1）World："世界"选项卡，显示当前在场景中的模型，并允许查看和修改模型参数，例如它们的姿势。还可以通过展开"GUI"选项并调整相机姿势来更改摄像机视角。

2）Insert："插入"选项卡，用于向场景中添加模型。在模型列表中单击左键，然后在场景中再次单击就可以添加。

3）Layers："图层"选项卡可组织和显示模拟中可用的不同可视化组（如果有）。图层可以包含一个或多个模型。打开或关闭图层将显示或隐藏该图层中的模型。这是一个可选功能，因此在大多数情况下此选项卡将为空。

场景上方是 Gazebo 工具栏，它包含一些最常用的与模型交互的选项，例如选择、移动、旋转和缩放对象等按钮，并支持创造一些简单的形状（如立方体、球体和圆柱体）。对于场景中的模型，按下 <Shift> 和鼠标左键可以转换视角，按下鼠标左键可以平移视角，滚动鼠标滚轮可以缩放大小。

3. 加载 Gazebo 模型

Gazebo 在启动时会加载模型库，如果从网络加载可能会导致启动 Gazebo 比较慢。可以在 ~/.gazebo 目录下执行下列命令下载 Gazebo 官方模型：

```
git clone https://github.com/osrf/gazebo_models.git
```

实际效果如图 5-47 所示。

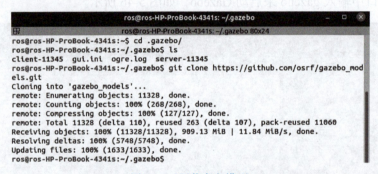

图 5-47　下载官方模型

在 ~/.gazebo 目录下创建 models 子目录，把下载的模型文件放到该目录中，启动 Gazebo 后就可以从主界面左侧的 Insert 选项卡中添加模型了，如图 5-48 所示。

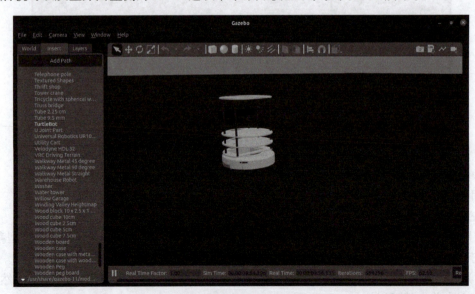

图 5-48　在场景中添加模型

4. 自定义 URDF 模型

Gazebo 支持 URDF 模型文件，URDF（Unified Robot Description Format）是一种特殊的 xml 文件格式，是机器人的一种描述文件，在 ROS 仿真中用于创建机器人的仿真模型。如果直接使用 URDF 编写机器人仿真模型，工作量大、效率低。通常使用 SolidWorks 软件创建机器人模型，然后安装 SolidWorks to URDF Exporter 插件，把机器人模型导出为 URDF 模型文件用于 Gazebo 仿真。

5.9.3　SLAM 建图与导航

本节介绍如何使用 TurtleBot3 模型在 Rviz 和 Gazebo 中实现 SLAM 建图及自主导航仿真。

1. TurtleBot3 简介

TurtleBot3 是一款小型、经济实惠、可编程、基于 ROS 的移动机器人，主要用于教育、研究、业余爱好和产品原型设计。TurtleBot3 可以运行 SLAM 算法来构建地图，并且可以在环境中移动。TurtleBot3 的核心技术是 SLAM、导航和操纵，适用于嵌入式系统、家庭服务机器人等应用领域。此外，它可以通过笔记本计算机、游戏手柄或基于 Android 的智能手机进行远程控制。TurtleBot3 也可以用于移动机械手。

TurtleBot3 有 3 个版本：Burger、Waffle 和 Waffle Pi，如图 5-49 所示，ROS 官方也提供 TurtleBot3 的模型下载。

a) TurtleBot3 Burger　　　　b) TurtleBot3 Waffle　　　　c) TurtleBot3 Waffle Pi

图 5-49　TurtleBot3 的 3 种版本

2. SLAM

同步定位与建图（Simultaneous Localization and Mapping，SLAM）是机器人在未知空间中通过探测周围环境来估计当前位置并绘制地图的方法。SLAM 通常采用激光雷达、深度相机和 IMU 惯导等作为解决方案。

SLAM 通常按照以下步骤实现建图与导航：

1）选择机器人的型号。

2）加载待扫描的地图。

3）调用机器人上的激光雷达和 SLAM 中的 gampping。

4）利用键盘控制进行操作，使机器人在空间中行进。

5）检查地图是否清晰完整，如果不是，则返回上一步继续进行扫描，否则即保存地图并完成建图。

6）进行导航操作。

3. 基于 TurtleBot3 的 SLAM 与导航

下面使用 TurtleBot3 模型在 RViz 和 Gazebo 中做仿真，实现 SLAM 与导航。

（1）安装 TurtleBot3 依赖包、算法导航包

```
sudo apt install ros-noetic-turtlebot3*
sudo apt install ros-noetic-gmapping
sudo apt install ros-noetic-navigation
```

（2）加载 Gazebo 仿真环境

打开终端，导入机器人模型：

```
export TURTLEBOT3_MODEL= waffle_pi
```

该命令在每次打开新终端时都需要执行。如果不想每次打开新终端时都去执行，可以编辑文件 ~/.bashrc，把上述设置机器人模型的命令添加到最后一行。

输入下列命令启动 Gazebo 仿真环境：

```
roslaunch turtlebot3_gazebo turtlebot3_house.launch
```

可以看到在 Gazebo 中加载出了仿真环境，如图 5-50 所示。

图 5-50　加载仿真环境

（3）SLAM 构建地图

打开新的终端，运行下列命令建图：

```
export TURTLEBOT3_MODEL=waffle_pi
roslaunch turtlebot3_slam turtlebot3_slam.launch slam_methods:=gmapping
```

这里的建图方法参数 slam_methods 设置为 gmapping，也可设置为 cartographer 或 hector 等，但是需要另外安装对应的算法包。命令运行后建图算法即开始运行，打开 RViz，如图 5-51 所示。

继续打开新的终端，运行键盘控制节点：

```
export  TURTLEBOT3_MODEL=waffle_pi
roslaunch turtlebot3_teleop turtlebot3_teleop_key.launch
```

按 <W>、<A>、<D>、<X> 键控制机器人前进、左转、右转、后退，按 <S> 键停止，控制机器人在环境中移动，尽可能扫描出完整封闭的地图。为方便控制机器人移动，可以在 RViz 中添加摄像头画面，如图 5-52 所示。

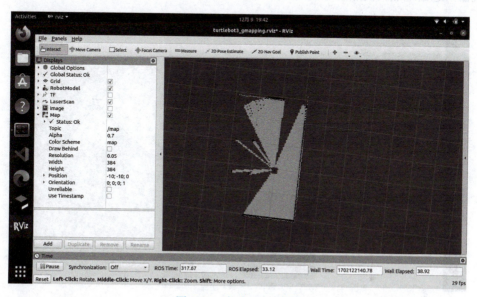

图 5-51　启动 RViz 建图

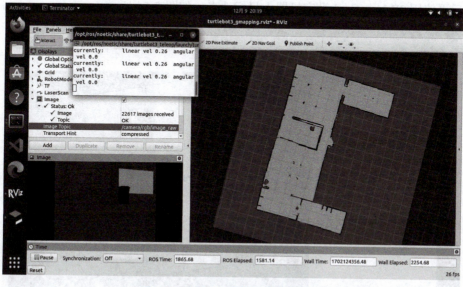

图 5-52　在 RViz 中添加摄像头画面

建图完成后，打开新的终端，输入以下命令保存地图：

```
rosrun map_server map_saver -f ~/map
```

（4）导航

关闭键盘控制程序，关闭 gmapping 建图程序，打开新的终端，运行：

```
roslaunch turtlebot3_navigation turtlebot3_navigation.launch map_file:=$HOME/map.yaml
```

单击 RViz 上方工具栏中的 2D Pose Estimate，初始化机器人在地图中的初始位姿，设定好机器人起始地点，使点云与地图对齐，如图 5-53 所示。

图 5-53　设定 TurtleBot3 起始地点

然后再使用 2D Nav Goal 设定机器人目标地点，如图 5-54 所示。

图 5-54　设定 TurtleBot3 目标地点

机器人会自动规划路径，并自动运行到目标位置，实现自主导航，如图 5-55 所示。

图 5-55　TurtleBot3 自主导航

▼ 本章小结

本章主要介绍了 ROS 的运行管理机制，包括计算图资源命名，使用 launch 文件来管理及维护节点，在 ROS 中如何处理节点、话题、重命名的情况，参数的设置与管理，如何设置 ROS 分布式通信环境变量，录制与回放消息，处理 ROS 日志，可视化与仿真工具 RViz、Gazebo 的基本用法和使用 TurtleBot3 建图与导航。

本章的重点是"重名"相关的内容：

1）包名重复，会导致覆盖。

2）节点名称重复，会导致先启动的节点关闭。

3）话题名称重复，无语法异常，但是可能导致通信的实现出现逻辑问题。

4）参数名称重复，会导致参数设置的覆盖。

解决重名问题的实现方案有两种：

1）重命名（重映射，重新命名）。

2）为命名添加前缀。

▼ 习题

1. 问答题

（1）简述什么是 ROS 计算图资源的全局名称、相对名称、私有名称和匿名名称。

（2）ROS 中可以建立多个工作空间吗？同一工作空间和不同工作空间里的功能包可以重名吗？如果有重名功能包，系统如何确定应该使用哪个功能包？

（3）简述如何理解 ROS 名称重映射，名称重映射的实现有哪几种方式？

（4）简述什么是 ROS 话题重映射，话题重映射的实现有哪几种方式？

（5）如果节点管理器不是当前设备，如何配置环境文件使得当前设备可以与节点管理器通信？

（6）ROS 的日志消息有哪几种？有什么含义？

（7）通常 launch 文件存放在 ROS 包下的哪个子目录？其文件扩展名是什么？

2. 操作题

（1）编写 launch 文件，启动海龟示例 turtlesim 并实现控制海龟移动。

（2）编写 launch 文件，启动海龟示例 turtlesim，运行之前编写海龟绘图程序，实现自动绘制图 4-142 所示轨迹。

（3）编写 launch 文件，启动海龟示例 turtlesim，实现在 launch 文件中修改其背景颜色与海龟运行轨迹颜色和大小。

（4）启动海龟示例 turtlesim 包的 turtlesim_node 程序，启动 turtle_teleop_key 程序移动海龟，使用 rosbag 记录并回放之前的海龟运动。

（5）启动两台已安装 ROS 的虚拟机，配置环境文件，建立 ROS 分布式通信环境，在节点管理器上运行 turtlesim 包的 turtlesim_node 示例程序，在另一台虚拟机上运行 turtle_teleop_key 程序，实现按键控制海龟运动。

（6）在建立 ROS 分布式通信环境的两台计算机上设置 SSH 无密码登录。

（7）使用 scp 命令，在建立 ROS 分布式通信环境的两台计算机中复制文件。

参 考 文 献

[1] Autolabor. ROS 理论与实践讲义 [EB/OL]. [2023-12-14]. http://www.autolabor.com.cn/book/ROSTutori-als/.

[2] O'KANE J M. 机器人操作系统（ROS）浅析 [EB/OL]. 肖军浩，译 . [2023-12-14]. https://www.trustie.net/attachments/download/109579/ 机器人操作系统（ROS）浅析 .pdf.

[3] 柴长坤，武延军 . 机器人操作系统入门 [EB/OL]. [2023-12-14]. https://www.icourse163.org/course/IS-CAS-1002580008.

[4] FERNANDEZ E, CRESPO L S, MAHTANI A, et al. ROS 机器人程序设计 [M]. 刘锦涛，张瑞雷，译 . 北京：机械工业出版社 , 2019.

[5] MAHTANI A, SANCHEZ L, FERNANDEZ E, et al. ROS 机器人高效编程：3 版 [M]. 张瑞雷，刘锦涛，译 . 北京：机械工业出版社 , 2020.

[6] 牛杰，余正泓 . 机器人操作系统 ROS 原理及应用 [M]. 北京：机械工业出版社 , 2023.

[7] 刘相权，张万杰 . 机器人操作系统（ROS）及仿真应用 [M]. 北京：机械工业出版社 , 2022.